暴 雨 年 鉴

（2015）

中国气象局　编

气象出版社
China Meteorological Press

内 容 简 介

本书共分 4 章。第 1 章对 2015 年全国降水及暴雨概况进行统计分析并加以综述；第 2 章从单站暴雨、连续性暴雨、区域性暴雨、主要暴雨过程几个方面对 2015 年的暴雨进行索引；第 3 章对 2015 年 41 次主要暴雨过程的基本天气形势和降水演变特征进行概述；第 4 章对 2015 年 10 次重大暴雨事件从雨情、灾情及天气形势等几个方面进行综合分析。书后的附录给出 1981—2010 年全国暴雨气候概况。

本书比较全面地反映和记录了 2015 年我国的暴雨状况，为气象部门开展暴雨的监测预报、科技攻关、灾害评估、预报总结等提供基础资料。本书可供从事气象、水文、农业、生态、环境等方面的科研、业务、教育培训、决策管理及相关人员参考。

图书在版编目(CIP)数据

暴雨年鉴. 2015 / 中国气象局编. — 北京：气象
出版社，2020.4

ISBN 978-7-5029-7174-8

Ⅰ. ①暴… Ⅱ. ①中… Ⅲ. ①暴雨-中国-2015-年
鉴 Ⅳ. ①P426.62-54

中国版本图书馆 CIP 数据核字(2020)第 025886 号

审图号：GS(2019)6055 号

暴雨年鉴(2015)

Baoyu Nianjian (2015)

出版发行：气象出版社

地　　址：北京市海淀区中关村南大街 46 号　　　　邮政编码：100081

电　　话：010-68407112(总编室)　010-68408042(发行部)

网　　址：http://www.qxcbs.com　　　　E-mail：qxcbs@cma.gov.cn

责任编辑：王萃萃　　　　　　　　　　　　终　　审：吴晓鹏

责任校对：王丽梅　　　　　　　　　　　　责任技编：赵相宁

封面设计：博雅思企划

印　　刷：北京地大天成印务有限公司

开　　本：889 mm×1194 mm　1/16　　　　印　　张：16

字　　数：409 千字

版　　次：2020 年 4 月第 1 版　　　　　　印　　次：2020 年 4 月第 1 次印刷

定　　价：120.00 元

前　言

　　我国地处东亚季风气候区，每年都有大量的暴雨天气过程发生，暴雨是我国最主要的灾害性天气之一。由暴雨产生的洪水时常造成江河湖泊泛滥、农田道路淹没、公路交通阻断，在山区常诱发山洪、泥石流、山体滑坡等一系列地质灾害。每年暴雨及其引发的次生灾害造成国家社会经济和人民生命财产的巨大损失。同时，暴雨又是我国淡水资源的重要来源，其带来的充沛降水对于农田灌溉、水力发电、江河航运、工农业生产、人民生活以及生态系统的平衡和恢复都有非常重要的作用。

　　暴雨作为一种以高强度降水为主要特征的天气现象，对其进行准确预报一直是气象部门工作的重点和难点。因此，加强暴雨科研，提高其预报准确率，减轻暴雨灾害对社会经济造成的损失，是政府决策部门和社会公众的期望所在。研究和探索暴雨发生、发展和变化的规律，需要大量的基础资料作支撑，需要大量暴雨发生的历史史实为基础。《暴雨年鉴(2015)》全面反映、准确记录了当年我国的暴雨状况，可供广大科研、业务、教育培训、决策管理及相关人员参考，为暴雨监测预报、防灾减灾及水资源调配管理等提供服务；也可以为气象部门开展暴雨科技攻关、暴雨灾害评估、暴雨预报总结提供基础资料；同时，随着岁月积累，也能逐步形成一套反映我国暴雨状况的历史典籍，丰富我国的气象文化。

　　《暴雨年鉴(2015)》编制由中国气象局武汉暴雨研究所廖移山、闵爱荣等完成，附图的绘制等工作由闵爱荣和万峰、吴霞暖承担。

　　在《暴雨年鉴(2015)》的编辑过程中，中国气象局及其预报与网络司、湖北省气象局有关领导给予了关心并提出了宝贵的指导意见。国家气象信息中心、国家气象中心、国家气候中心有关领导和专家提供了技术指导和基础资料。武汉暴雨研究所张端禹、国家气象中心何立富、张芳华等相关专业技术人员也参与了年鉴的部分编写工作，在此一并谨致谢忱。

编者

2018 年 10 月

编 写 说 明

1. 资料来源及说明

本年鉴的降水资料来自中国气象局国家气象信息中心提供的全国 2424 个国家气象观测站的整编资料,灾情资料来自国家气候中心提供的相关信息材料。

在 2015 年度暴雨概况统计中,所使用的有完整降水资料记录的台站有 2424 个。在全国暴雨气候概况统计中,多年平均采用世界气象组织(WMO)的约定标准,即 1981—2010 年 30 年气候平均值,这段时期有完整降水资料记录的台站有 2297 个,而在统计全国各省(自治区、直辖市)最大日降水量时,使用了 1961—2010 年有完整降水资料记录的台站 1934 个。

本年鉴未包含中国香港、澳门特别行政区和台湾省的降水资料。

2. 暴雨分级标准

本年鉴采用如下暴雨分级标准:

暴　　雨:日降水量 50.0～99.9 mm;

大　暴　雨:日降水量 100.0～249.9 mm;

特大暴雨:日降水量 ≥250.0 mm。

第 1 章和其他之处图例上下相邻色标值相等时,上行色标值视同比原值小 0.1。

3. "单站连续性暴雨"的入选标准

单站连续 3 天达到暴雨标准,或者连续 3 天出现降水且其中至少 2 天达到大暴雨(或以上)标准或连续 2 天达大暴雨(含特大暴雨)标准,即作为一次单站连续性暴雨。单站连续性暴雨的起止日必须达到暴雨或以上量级。

4. "区域性暴雨日"的入选标准

在同一片雨区中,只要有 15 个站达到暴雨标准,当日即作为一个区域性暴雨日。

5. "主要暴雨过程"的入选标准

过程中至少有 1 天达到区域性暴雨日标准,且至少在一个区域性暴雨日中有不少于 2 个站达到大暴雨标准。过程的起止日必须有不少于 5 个站达到暴雨标准。

6. "重大暴雨事件"的入选原则

根据暴雨过程的降水和灾情资料,按照降水强度、降水范围、灾情大小等进行综合排序,遴选出当年影响显著的 10 次重大暴雨事件。

7. 其他需要说明的问题

降　水　量:指从天空降落到地面上的液态和固态(经融化后)降水,没有经过蒸发、渗透

　　　　　　和流失而在单位面积水平面上积聚的深度。

暴雨雨量:在给定的时间范围内所有暴雨日的降水量之和。

资料日界:20 时—次日 20 时(北京时间)。

多年平均:1981—2010 年 30 年平均值。

降水距平:年度值与多年平均值的差。

干旱地区:多年平均年降水量≤300.0 mm 的区域。

绘图说明:西沙、珊瑚两站资料在绘图时未予考虑。

目　录

第 1 章　年度暴雨概况

1.1　2015 年全国暴雨综述

2015 年,我国降水(平均降水量 649 mm)接近常年(630 mm)。年降水量的分布(图 1.2.1)自西北向东南依次递增,与多年气候平均分布一致。新疆大部分地区、内蒙古大部分地区、甘肃河西走廊大部分地区、青海柴达木盆地、西藏中西部及宁夏北部年降水量一般不足 250 mm。内蒙古中东部、青海大部分地区、西藏中部、甘肃大部分地区、宁夏中南部、陕西北部、华北大部分地区、辽宁西部、吉林西部及北疆部分地区年降水量为 250～500 mm。内蒙古东部部分地区、东北大部分地区、华北部分地区、黄淮大部分地区、湖北西北部、陕西南部、西南地区北部、西藏东部及云南北部部分地区年降水量为 500～1000 mm。云南大部分地区、西南地区东部、江汉大部分地区、江淮大部分地区、江南西北部及华南部分地区年降水量为 1000～1500 mm。江南大部分地区、华南大部分地区、西南地区东部部分地区、江汉部分地区、江淮部分地区及云南南部部分地区年降水量为 1500～2000 mm。江南部分地区、华南部分地区年降水量超过 2000 mm。降水量超过 2500 mm 的地区主要集中在江西与福建交界的中部地区、江西与浙江交界的北部地区、广西东北部部分地区。广西桂林、雁山、永福及安徽黄山年降水量超过 3000 mm,全国最大年降水量出现在广西永福,为 3263 mm。

2015 年我国共有 238 d 出现暴雨,第一个暴雨日出现在 1 月 2 日,最后一个暴雨日出现在 12 月 23 日。我国西北大部分地区、内蒙古大部分地区、西藏地区及西南地区北部全年基本没有暴雨发生。除此之外的大部分地区年暴雨(≥50 mm/d)日数大多在 1～6 d,超过 6 d 的地区主要位于淮河以南的南方地区,超过 10 d 的地区主要位于江南中东部部分地区及华南部分地区,超过 14 d 的地区主要位于江南东北部局部地区及华南北部局部地区,最多的暴雨日数出现在广西桂林,为 20 d。除个别站偶有大暴雨发生外,我国西北地区、内蒙古、东北地区、华北西部、西藏及西南地区北部全年没有大暴雨发生,华北东部、黄淮地区、江汉西部及西南地区南部大暴雨日数一般不超过 1 d,其余地区大暴雨日数多在 2～3 d,超过 3 d 的地区主要位于华南的局部地区及长江下游的局部地区,广西雁山、凌云出现次数最多,均达到 6 d。

2015 年我国有 22 站次出现特大暴雨。其中福建、广东、广西、浙江和海南依次出现 6、5、4、3 和 2 站次,江西和江苏各出现 1 站次。广西东兴和海南东部出现特大暴雨的次数最多,各为 2 次。从出现时间看,7 月出现 7 站次,5 月、8 月各出现 5 站次,6 月、10 月各出现 2 站次,9 月出现 1 站次,其余月份没有出现特大暴雨。从每月全国最大日降水量的量值看,全年每月均达到暴雨量级,除 2 月、3 月未达到大暴雨量级外,其余月份均达到大暴雨量级,5—10 月均达到特大暴雨量级。2015 年 5 月 20 日广东海丰出现的 473.1 mm 的降水为当年全国最大日降水量。

2015 我国共出现区域性暴雨日 134 d,第一个区域性暴雨日出现在 1 月 9 日,最后一个区域性暴雨日出现在 12 月 9 日。5 月 15 日出现在江淮、江汉、江南、华南及西南地区东部的区域性暴雨影响范围最广,共出现 98 站暴雨、20 站大暴雨,日降水量大于 50 mm 以上总站数达到 118 站,主要暴雨区共影响到江苏、安徽、湖北、湖南、江西、广西和贵州共 7 个省(自治区),最大暴雨中心出现在广西雁山,日降水量 213.0 mm。

2015 年我国共出现 41 次主要暴雨过程,分布在 1 月、4—12 月,其中 5 月最多,为 8 次,6 月、8 月各 7 次,7 月 6 次,9 月、11 月各 4 次,10 月 2 次,1 月、4 月、12 月各 1 次。41 次主要暴雨过程中有 6 次由热带气旋登陆或影响所致。从 41 次主要暴雨过程中遴选出 10 次列为年度重大暴雨事件,分别发生在 5—11 月,其中 5 月 2 次,6 月 1 次,7 月 2 次,8 月 2 次,9—11 月各 1 次。10 次重大暴雨事件中有 4 次为热带气旋登陆或影响所致。第 5 次重大暴雨事件即"7 月 22—29 日南方暴雨"由西南低涡和低层切变线造成,共持续 8 d,是过程累计降水量最大的一次重大暴雨事件,累计降水中心出现在广西东兴,雨量值达到 910 mm。

2015 年我国有 33 站次突破了 54 a(1961—2014 年)日降水量的历史纪录。其中江苏 6 站次,新疆、云南、贵州各 3 站次,四川、西藏、浙江、江西、福建各 2 站次,甘肃、青海、山东、陕西、湖北、湖南、广东、广西各 1 站次,其余省(自治区、直辖市)没有。2015 年全国共有 77 站次出现了持续性暴雨,最长持续天数为 7 d,7 月 26 日—8 月 1 日出现在广西东兴。干旱地区共有 79 站次日降水量超过 25 mm。

1.2　2015 年全国降水概况

1.2.1　年降水量分布

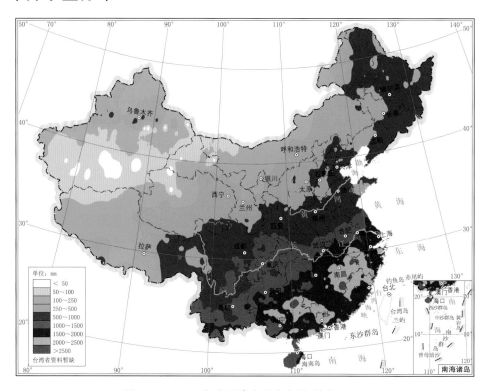

图 1.2.1　2015 年全国降水量分布图(单位:mm)

1.2.2　年降水量距平分布

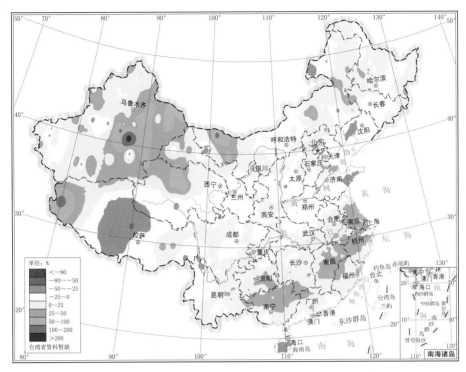

图 1.2.2　2015 年全国降水量距平百分率分布图(单位:%)*

1.2.3　月降水量分布

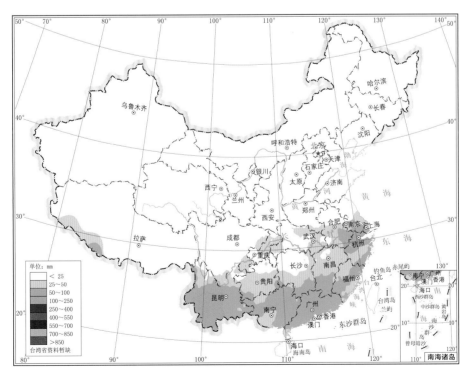

图 1.2.3　2015 年 1 月全国降水量分布图(单位:mm)

---

　* 计算降水距平时,多年平均值采用 1981—2010 年 30 a 平均值,下同。

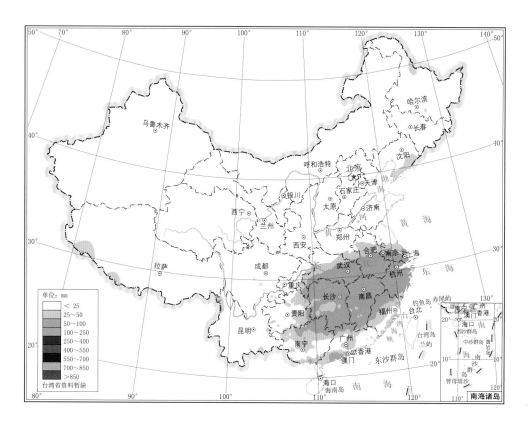

图 1.2.4　2015 年 2 月全国降水量分布图(单位:mm)

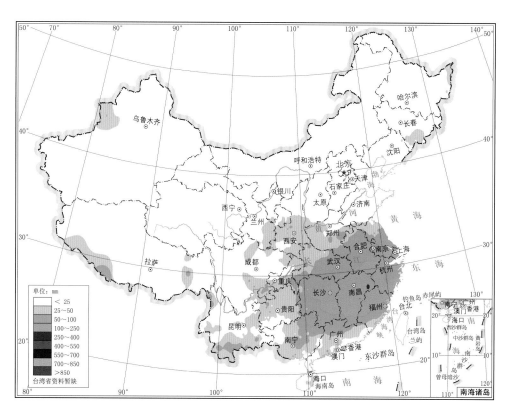

图 1.2.5　2015 年 3 月全国降水量分布图(单位:mm)

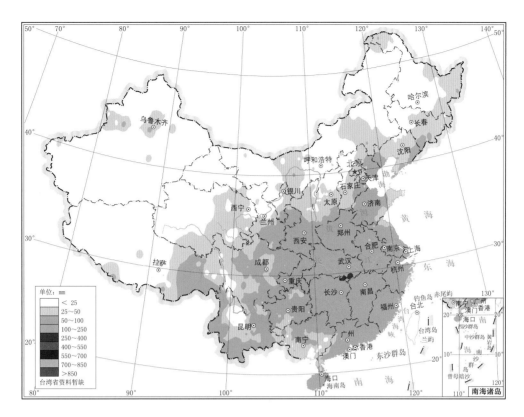

图 1.2.6　2015 年 4 月全国降水量分布图(单位:mm)

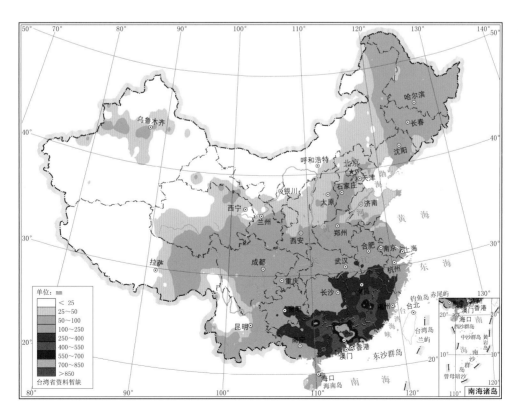

图 1.2.7　2015 年 5 月全国降水量分布图(单位:mm)

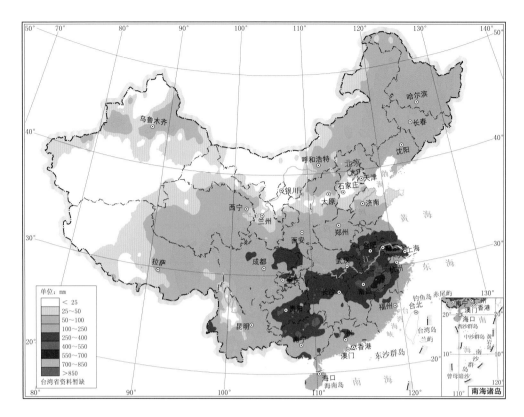

图 1.2.8　2015 年 6 月全国降水量分布图(单位:mm)

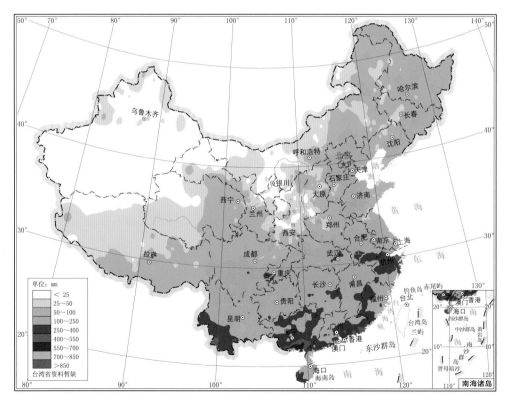

图 1.2.9　2015 年 7 月全国降水量分布图(单位:mm)

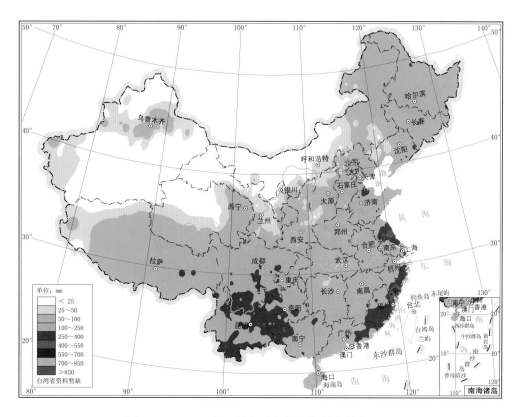

图 1.2.10　2015 年 8 月全国降水量分布图(单位:mm)

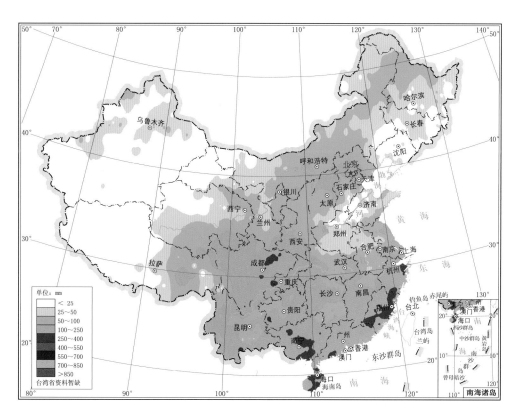

图 1.2.11　2015 年 9 月全国降水量分布图(单位:mm)

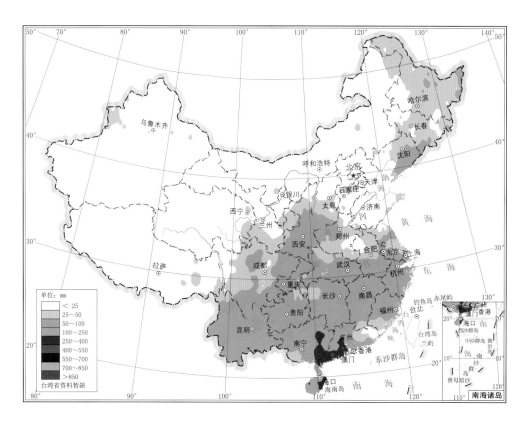

图 1.2.12 2015 年 10 月全国降水量分布图(单位:mm)

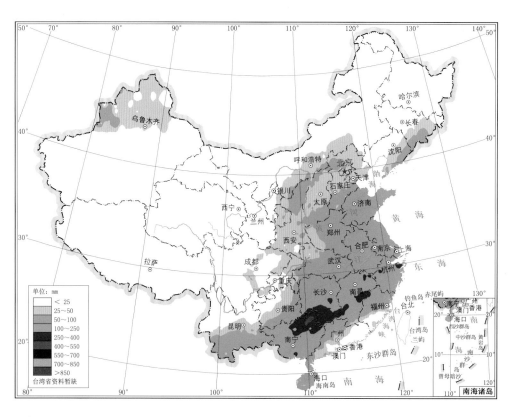

图 1.2.13 2015 年 11 月全国降水量分布图(单位:mm)

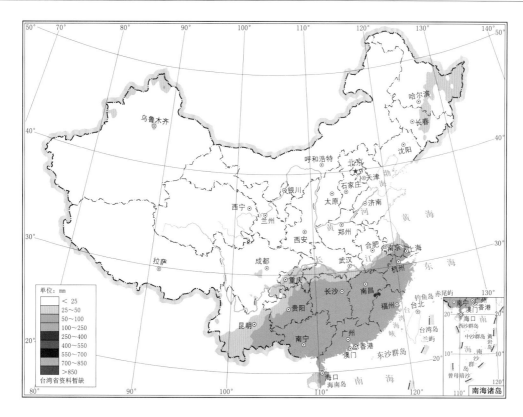

图 1.2.14　2015 年 12 月全国降水量分布图(单位:mm)

1.2.4　月降水量距平分布

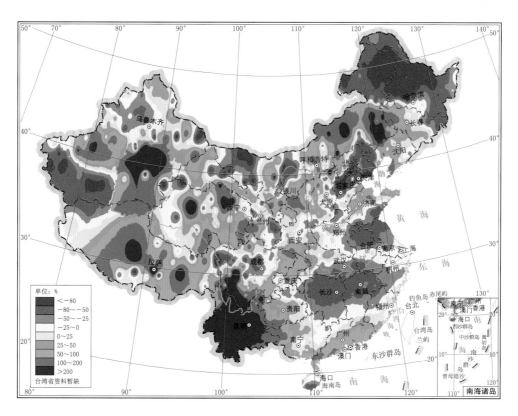

图 1.2.15　2015 年 1 月全国降水量距平百分率分布图(单位:%)

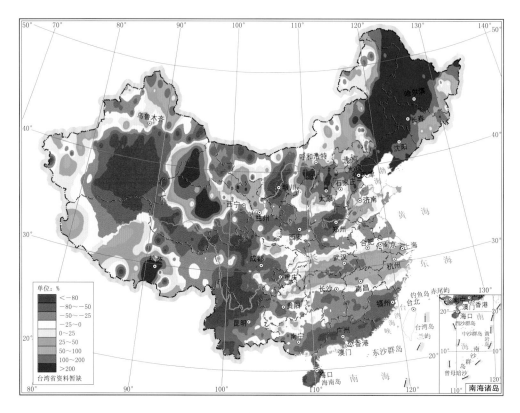

图 1.2.16　2015 年 2 月全国降水量距平百分率分布图(单位:%)

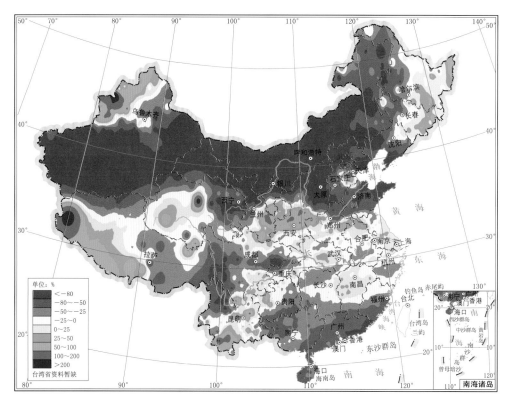

图 1.2.17　2015 年 3 月全国降水量距平百分率分布图(单位:%)

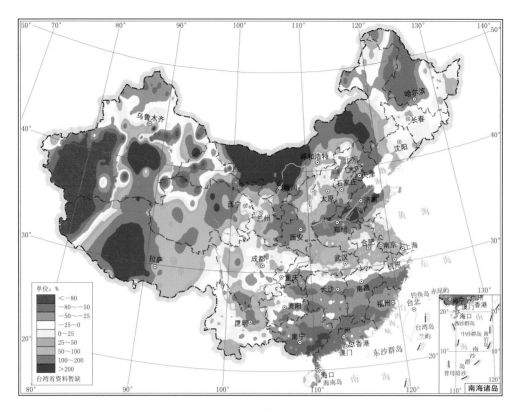

图 1.2.18　2015 年 4 月全国降水量距平百分率分布图(单位:％)

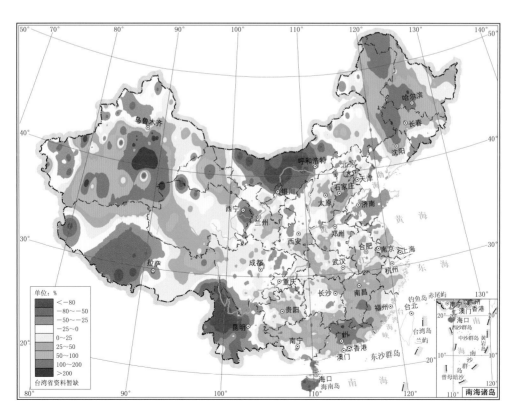

图 1.2.19　2015 年 5 月全国降水量距平百分率分布图(单位:％)

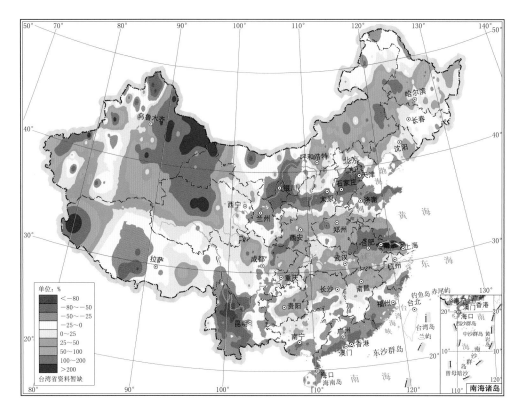

图 1.2.20　2015 年 6 月全国降水量距平百分率分布图(单位:%)

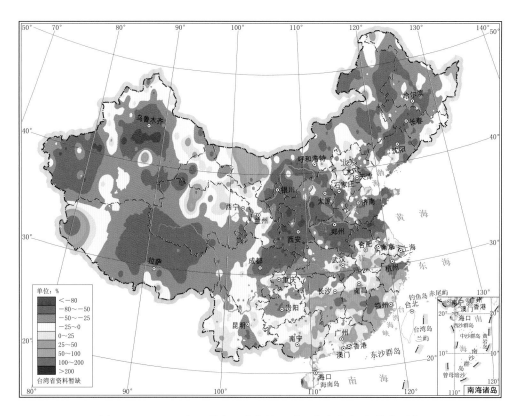

图 1.2.21　2015 年 7 月全国降水量距平百分率分布图(单位:%)

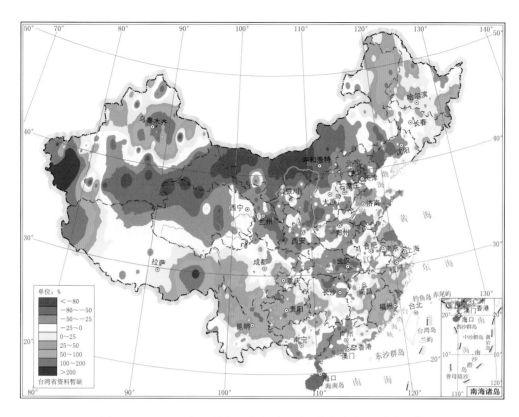

图 1.2.22　2015 年 8 月全国降水量距平百分率分布图(单位:%)

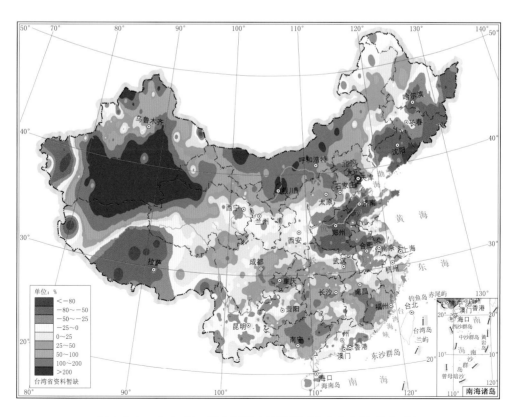

图 1.2.23　2015 年 9 月全国降水量距平百分率分布图(单位:%)

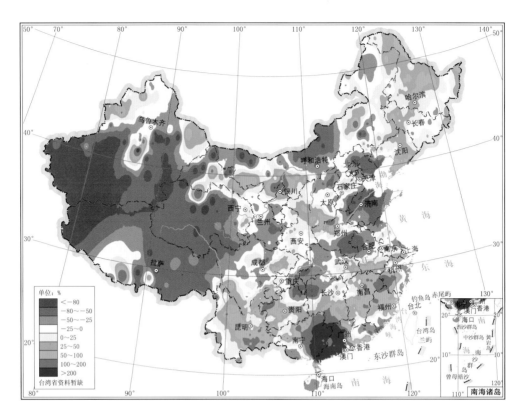

图 1.2.24　2015 年 10 月全国降水量距平百分率分布图(单位:％)

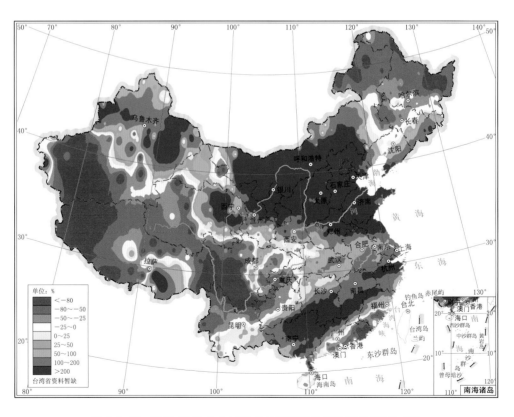

图 1.2.25　2015 年 11 月全国降水量距平百分率分布图(单位:％)

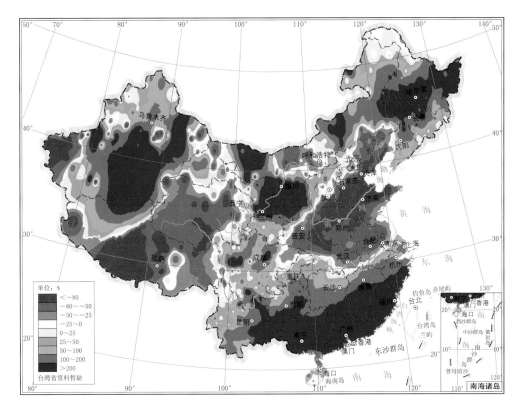

图 1.2.26　2015 年 12 月全国降水量距平百分率分布图（单位：％）

1.2.5　年暴雨(≥50.0 mm/d)雨量占年总降水量的百分比

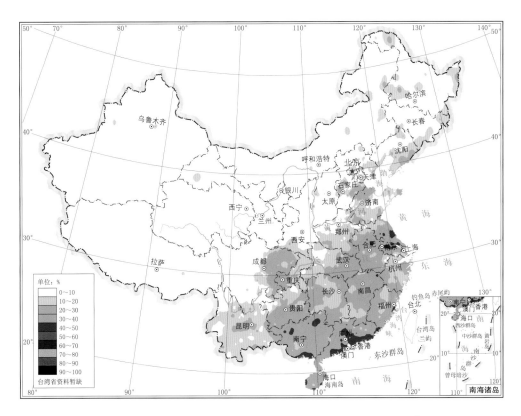

图 1.2.27　2015 年暴雨雨量占当年总降水量的百分比（单位：％）

1.2.6　月暴雨(≥50.0 mm/d)雨量占月总降水量的百分比

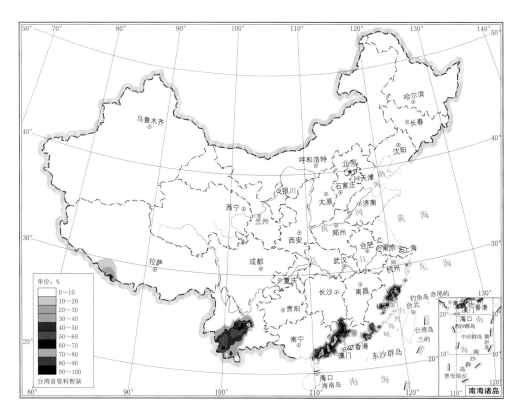

图 1.2.28　2015 年 1 月暴雨雨量占当月总降水量的百分比(单位:%)

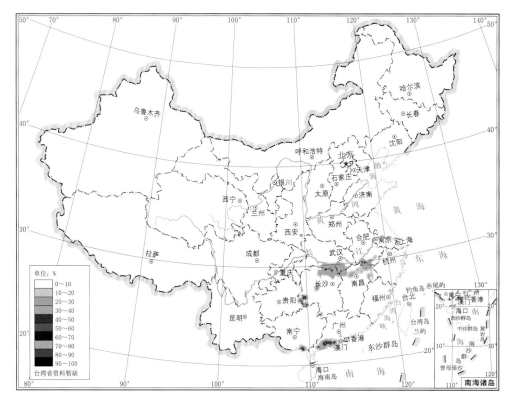

图 1.2.29　2015 年 2 月暴雨雨量占当月总降水量的百分比(单位:%)

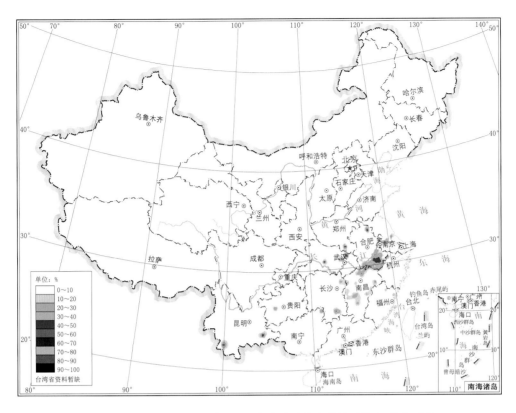

图 1.2.30　2015 年 3 月暴雨雨量占当月总降水量的百分比（单位：％）

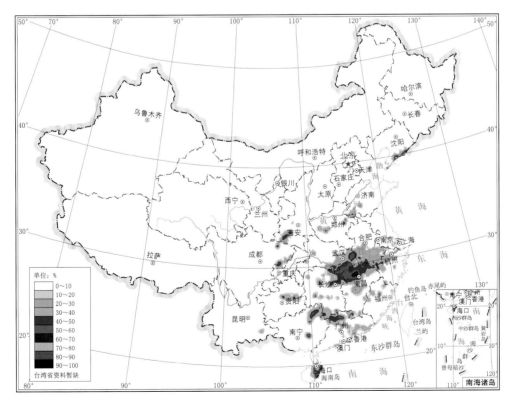

图 1.2.31　2015 年 4 月暴雨雨量占当月总降水量的百分比（单位：％）

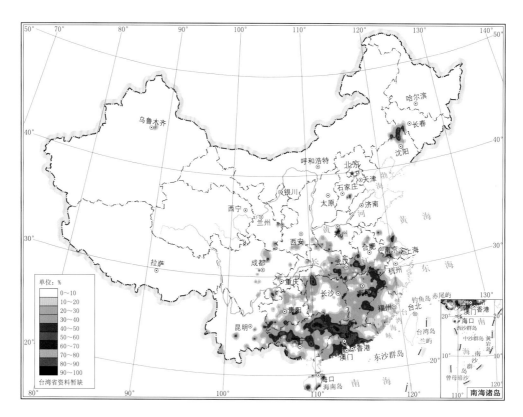

图 1.2.32　2015 年 5 月暴雨雨量占当月总降水量的百分比(单位:%)

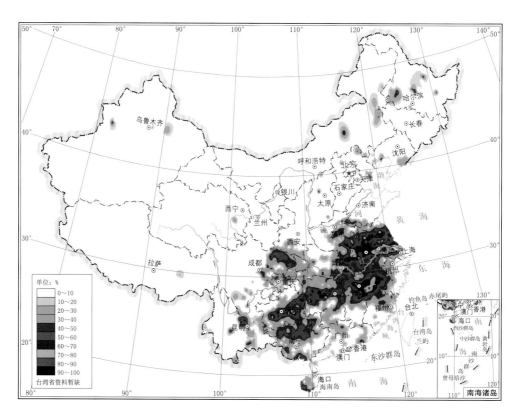

图 1.2.33　2015 年 6 月暴雨雨量占当月总降水量的百分比(单位:%)

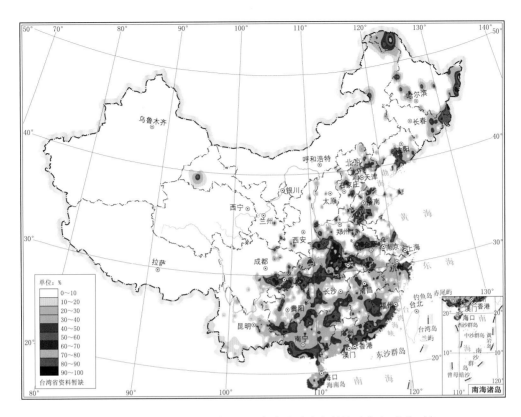

图 1.2.34　2015 年 7 月暴雨雨量占当月总降水量的百分比(单位:%)

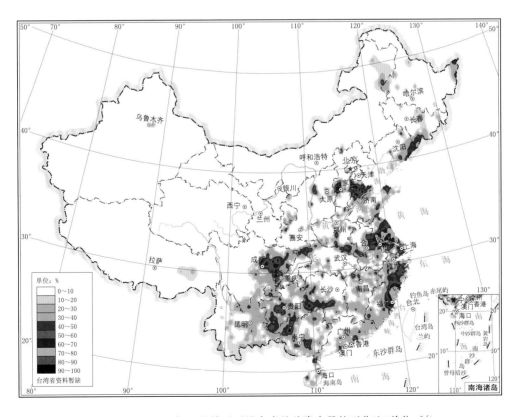

图 1.2.35　2015 年 8 月暴雨雨量占当月总降水量的百分比(单位:%)

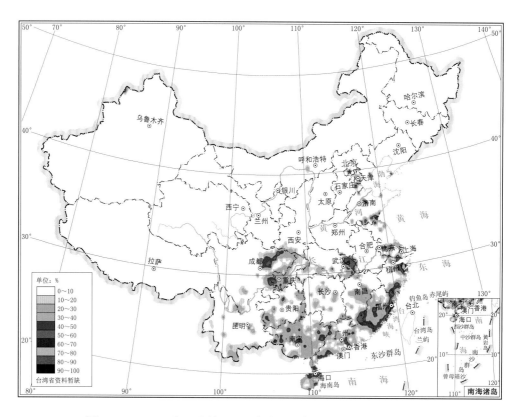

图 1.2.36　2015 年 9 月暴雨雨量占当月总降水量的百分比(单位:%)

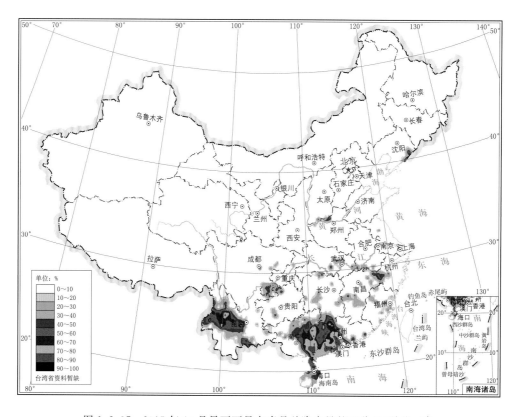

图 1.2.37　2015 年 10 月暴雨雨量占当月总降水量的百分比(单位:%)

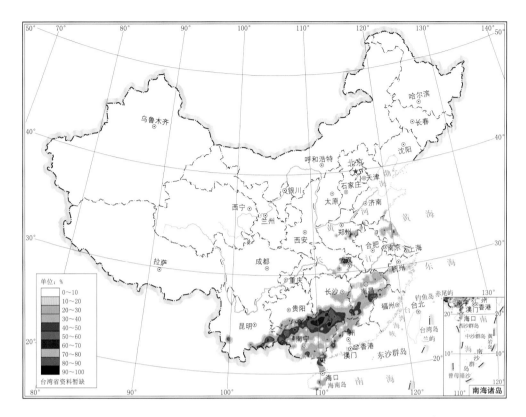

图 1.2.38　2015 年 11 月暴雨雨量占当月总降水量的百分比(单位:%)

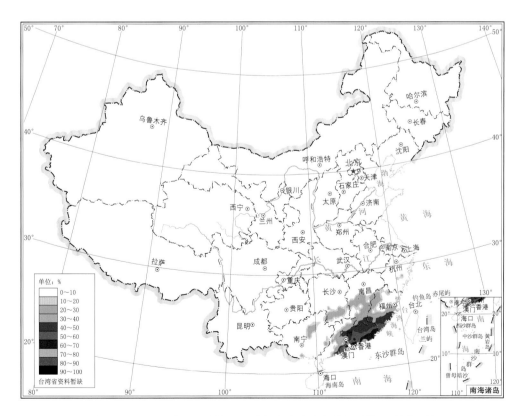

图 1.2.39　2015 年 12 月暴雨雨量占当月总降水量的百分比(单位:%)

1.3 2015 年不同级别暴雨概况

1.3.1 年暴雨(≥50.0 mm/d)日数分布

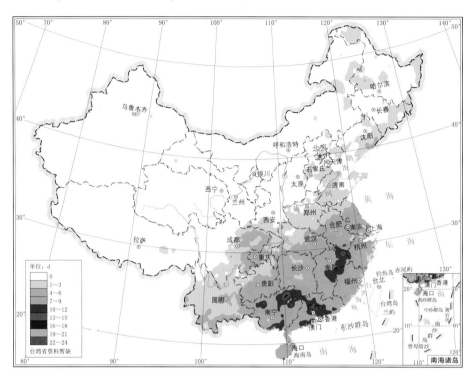

图 1.3.1 2015 年暴雨日数分布图(单位:d)

1.3.2 月暴雨(≥50.0 mm/d)日数分布

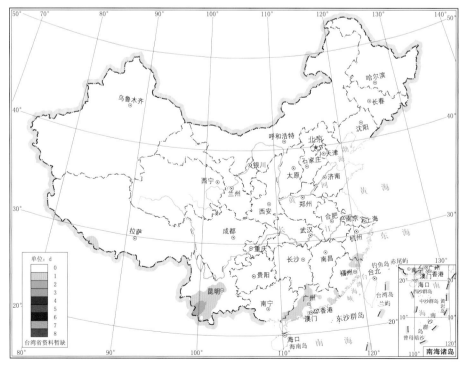

图 1.3.2 2015 年 1 月暴雨日数分布图(单位:d)

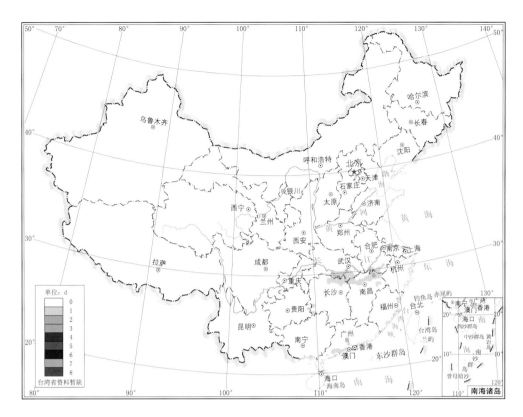

图 1.3.3　2015 年 2 月暴雨日数分布图(单位:d)

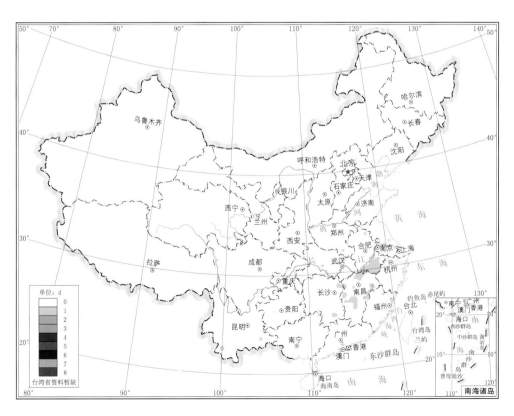

图 1.3.4　2015 年 3 月暴雨日数分布图(单位:d)

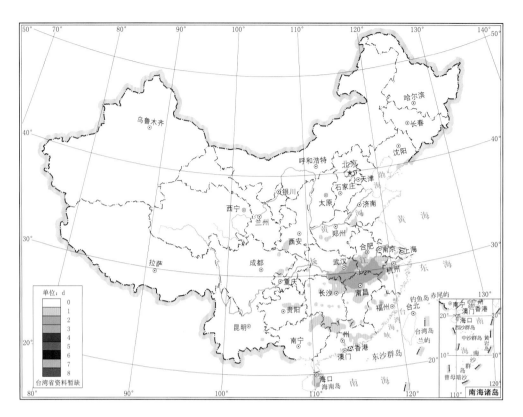

图 1.3.5　2015 年 4 月暴雨日数分布图(单位:d)

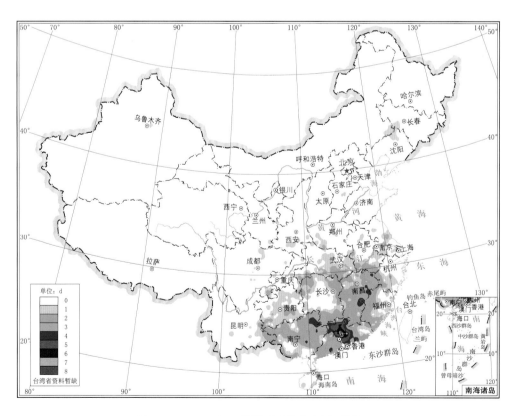

图 1.3.6　2015 年 5 月暴雨日数分布图(单位:d)

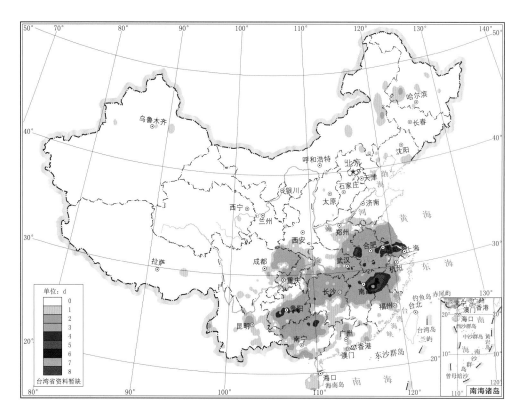

图 1.3.7　2015 年 6 月暴雨日数分布图(单位:d)

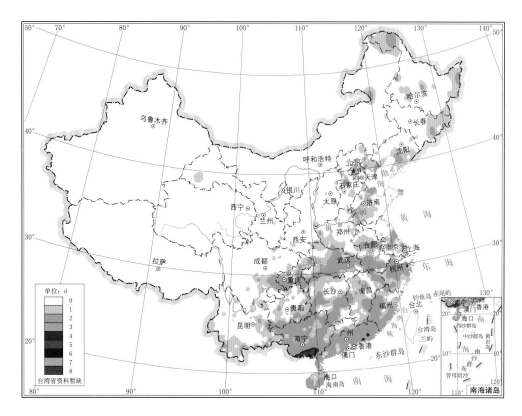

图 1.3.8　2015 年 7 月暴雨日数分布图(单位:d)

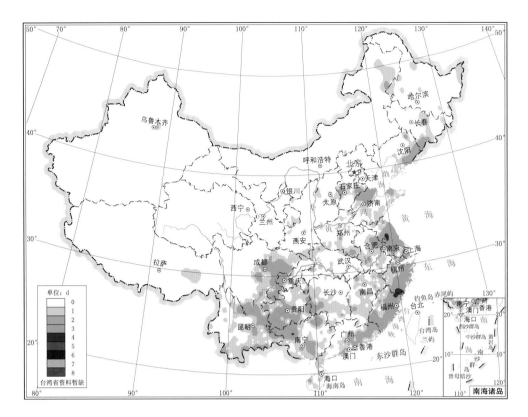

图 1.3.9　2015 年 8 月暴雨日数分布图(单位:d)

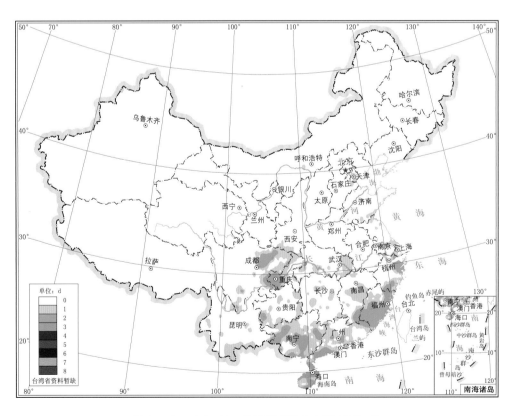

图 1.3.10　2015 年 9 月暴雨日数分布图(单位:d)

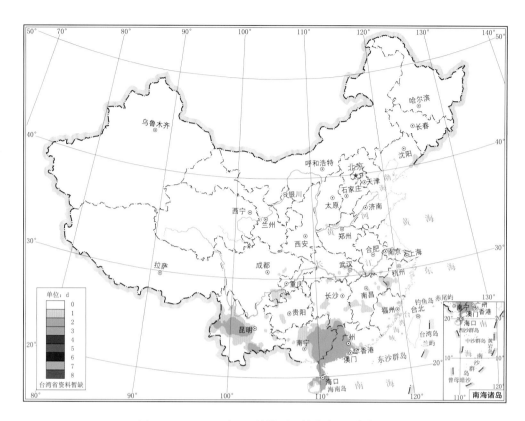

图 1.3.11　2015 年 10 月暴雨日数分布图(单位:d)

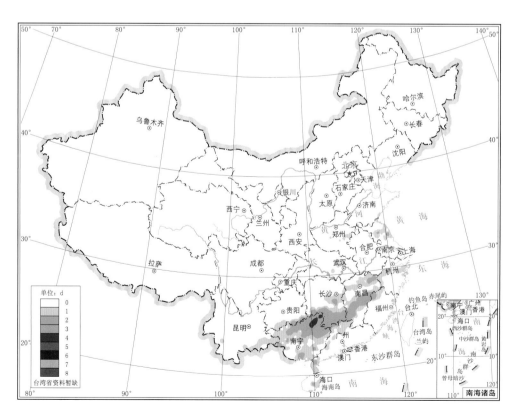

图 1.3.12　2015 年 11 月暴雨日数分布图(单位:d)

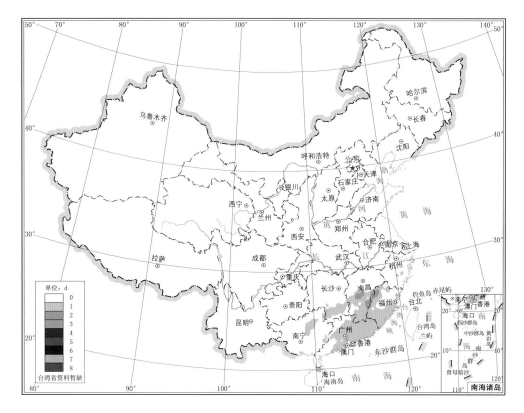

图 1.3.13　2015 年 12 月暴雨日数分布图(单位:d)

1.3.3　年大暴雨(100.0~249.9 mm/d)日数分布

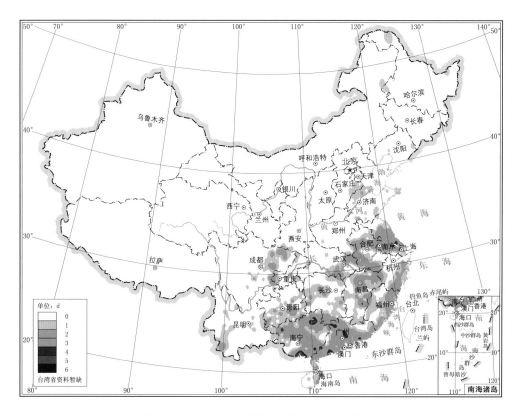

图 1.3.14　2015 年大暴雨日数分布图(单位:d)

1.3.4　年特大暴雨(≥250.0 mm/d)日数分布

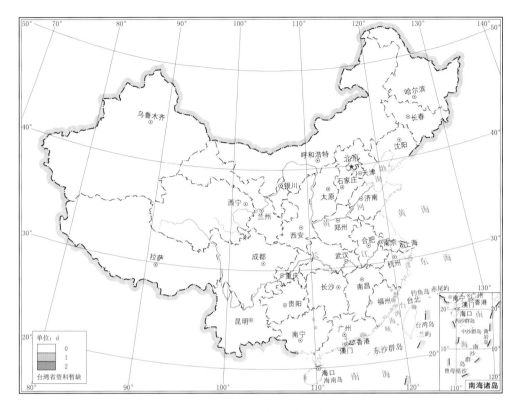

图 1.3.15　2015 年特大暴雨日数分布图(单位:d)

1.3.5　特大暴雨概况表

表 1.3.1　2015 年特大暴雨概况表

省(自治区、直辖市)	站名	降水量(mm)	出现时间(月-日)	省(自治区、直辖市)	站名	降水量(mm)	出现时间(月-日)
浙江	定海	267.7	07-11	广西	永福	269.6	05-20
	象山	303.5	07-11		金秀	335.5	10-05
	镇海	276.2	09-30		东兴	267.2	07-27
福建	宁化	286.0	05-19	广东	东兴	318.8	07-28
	清流	367.9	05-19		南海	285.0	10-05
	周宁	307.3	08-09		澄海	339.8	07-23
	柘荣	265.3	08-09		海丰	473.1 *	05-20
	罗源	270.4	08-08		陆丰	402.5	05-20
	福州郊区	318.5	08-08		上川岛	302.5	07-21
江苏	金坛	274.6	06-27	海南	东方	329.8	06-23
江西	庐山	283.5	08-09		东方	382.9	07-20

注:以 * 标注的数值为当年全国最大日降水量。

1.3.6　最大日降水量概况表

表 1.3.2a　2015 年第一季度全国各省(自治区、直辖市)各月最大日降水量概况表

省(自治区、直辖市)	1月			2月			3月		
	站名	降水量（mm）	出现日期	站名	降水量（mm）	出现日期	站名	降水量（mm）	出现日期
北京	斋堂	2.1	14	通州	6.5	20	北京	7.7	31
天津	渤海A平台	2.4	25	宝坻	8.7	20	静海	39.8	31
河北	馆陶	5.0	24	南皮	14.3	15	雄县	38.4	31
山西	汾西	6.8	28	五台山	13.3	19	万荣	24.7	25
内蒙古	锡林浩特	4.0	15	高力板	12.4	22	满洲里	4.0	15
辽宁	大连	8.5	21	丹东	18.3	25	抚顺	13.1	16
吉林	舒兰	4.9	26	洮南	21.4	22	集安	16.2	03
黑龙江	七台河	5.3	26	孙吴	17.4	22	抚远	17.7	11
上海	小洋山	54.3	14	小洋山	38.9	28	金山	36.9	27
江苏	太仓	38.8	14	东山	26.9	25	扬中	73.3	18
浙江	普陀	66.8	14	杭州	49.1	28	泰顺	58.9	15
安徽	舒城	22.5	28	黄山	62.5	27	旌德	97.9 *	18
福建	屏南	69.7	13	武夷山	28.1	20	政和	55.0	15
江西	崇义	42.5	12	弋阳	80.1	25	铅山	94.1	08
山东	石岛	14.5	25	巨野	33.3	15	郯城	17.7	17
河南	信阳	21.7	28	宁陵	19.2	15	罗山	59.5	17
湖北	枣阳	23.1	28	石首	81.4	20	红安	58.0	17
湖南	临武	43.9	12	会同	91.8	19	郴州	52.5	23
广东	云浮	77.5	12	阳春	95.3 *	22	连州	27.1	23
广西	陆川	50.9	12	合浦	87.6	22	全州	80.6	30
海南	定安	21.4	12	屯昌	31.4	24	琼海	31.5	12
重庆	忠县	29.6	06	秀山	36.1	22	酉阳	32.4	29
四川	开江	23.9	06	剑阁	13.7	19	江安	33.9	24
贵州	兴义	31.0	09	锦屏	57.3	19	普定	50.7	28
云南	西盟	137.3 *	09	福贡	34.6	28	砚山	62.5	23
西藏	聂拉木	62.7	02	普兰	26.1	26	聂拉木	31.0	02
陕西	商南	10.2	27	子洲	8.1	19	韩城	30.3	25
甘肃	合作	9.7	05	天祝	7.6	24	麦积	22.4	22
青海	河南	11.2	05	都兰	8.4	23	久治	11.5	19
宁夏	泾源	4.0	30	西吉	2.5	27	六盘山	12.2	24
新疆	阿勒泰	11.1	21	天池	14.5	13	博乐	22.0	30

注:以 * 标注的数值为当月全国最大日降水量。

表 1. 3. 2b　2015 年第二季度全国各省(自治区、直辖市)各月最大日降水量概况表

省(自治区、直辖市)	4月			5月			6月		
	站名	降水量(mm)	出现日期	站名	降水量(mm)	出现日期	站名	降水量(mm)	出现日期
北京	房山	22.3	12	怀柔	30.6	10	朝阳	52.6	26
天津	塘沽	51.2	12	蓟县	27.9	18	东丽区	45.6	01
河北	魏县	40.3	02	新河	63.6	09	乐亭	79.1	29
山西	阳城	37.1	01	壶关	40.8	29	右玉	69.6	15
内蒙古	杭锦后旗	41.9	01	科左后旗	50.5	12	锡林浩特	65.4	22
辽宁	丹东	56.5	02	康平	76.3	12	丹东	63.1	11
吉林	梅河口	28.2	02	双辽	65.6	12	磐石	41.8	12
黑龙江	虎林	23.6	03	五常	40.2	18	五营	97.5	22
上海	金山	55.1	06	嘉定	58.3	15	嘉定	173.9	17
江苏	吴中	51.0	06	溧阳	127.8	15	金坛	274.6	27
浙江	富阳	81.9	06	开化	86.2	14	常山	171.6	18
安徽	怀宁	94.0	05	天柱山	120.6	15	霍邱	198.6	27
福建	将乐	75.2	20	清流	367.9	19	古田	128.8	04
江西	德安	117.8	04	石城	217.8	19	德兴	244.3	03
山东	金乡	57.7	02	乳山	48.0	11	鱼台	102.2	24
河南	睢县	82.2	02	南阳	73.2	08	淮滨	204.5	27
湖北	崇阳	137.7	04	罗田	188.1	15	洪湖	179.1	02
湖南	临湘	234.2＊	04	安乡	144.3	27	辰溪	235.0	21
广东	普宁	96.1	21	海丰	473.1＊	20	海丰	166.2	01
广西	贵港	103.7	30	永福	269.6	20	马山	233.2	14
海南	万宁	200.7	24	临高	95.1	16	东方	329.8＊	23
重庆	合川	62.3	05	铜梁	90.1	01	铜梁	189.6	30
四川	岳池	88.8	05	峨眉山	82.4	08	剑阁	248.3	28
贵州	镇远	69.3	27	雷山	164.6	27	石阡	214.0	03
云南	砚山	55.0	22	罗平	97.4	21	澄江	115.8	19
西藏	波密	36.8	06	昌都	44.6	17	林芝	53.1	20
陕西	南郑	103.5	01	丹凤	55.2	14	镇巴	116.0	24
甘肃	武山	34.8	11	庄浪	67.1	31	华亭	48.2	23
青海	同德	24.9	18	杂多	31.3	21	贵南	56.2	29
宁夏	惠农	39.9	01	六盘山	25.0	31	六盘山	43.7	23
新疆	新源	34.2	16	天池	54.7	18	巩留	94.8	27

注:以＊标注的数值为当月全国最大日降水量。

表 1.3.2c   2015 年第三季度全国各省(自治区、直辖市)各月最大日降水量概况表

省(自治区、直辖市)	7 月			8 月			9 月		
	站名	降水量(mm)	出现日期	站名	降水量(mm)	出现日期	站名	降水量(mm)	出现日期
北京	房山	93.6	17	霞云岭	77.7	30	石景山	108.1	04
天津	天津	86.5	19	汉沽区	68.9	02	大港	105.8	01
河北	武强	161.4	22	海兴	181.8	03	沧州	143.3	01
山西	芮城	78.5	15	永和	148.7	02	天镇	46.3	10
内蒙古	高力板	63.1	24	扎兰屯	121.3	15	土右旗气象局	56.3	04
辽宁	盘山	106.3	29	桓仁	100.6	04	金州	78.0	02
吉林	罗子沟	99.3	13	临江	94.5	03	罗子沟	33.4	25
黑龙江	绥芬河	107.7	13	龙江	100.5	15	爱辉	46.1	26
上海	金山	103.0	11	嘉定	211.4	24	金山	73.5	30
江苏	洪泽	104.6	31	如东	245.3	24	涟水	118.7	05
浙江	象山	303.5	11	文成	233.2	09	镇海	276.2*	30
安徽	颍上	194.0	16	黄山	181.4	10	郎溪	56.4	05
福建	云霄	249.2	20	福州郊区	318.5*	08	福清	199.9	29
江西	南昌县	165.1	01	庐山	283.5	09	寻乌	102.4	20
山东	石岛	213.5	12	五莲	207.6	07	莒南	125.0	30
河南	内乡	105.5	15	清丰	94.2	03	鸡公山	52.6	05
湖北	仙桃	217.9	23	荆门	82.9	05	黄陂	135.8	05
湖南	临武	171.8	04	会同	116.0	28	涟源	85.6	06
广东	澄海	339.8	23	三水	119.0	13	深圳	149.5	21
广西	东兴	318.8	28	凌云	168.0	19	北海	199.9	08
海南	东方	382.9*	20	昌江	82.0	03	琼山	212.3	15
重庆	荣昌	132.4	22	潼南	171.4	17	荣昌	124.2	05
四川	峨眉	147.0	13	高坪区	192.7	17	旺苍	141.9	10
贵州	松桃	185.1	15	长顺	247.8	28	兴仁	122.2	06
云南	宜良	132.5	04	富宁	186.4	26	河口	140.9	28
西藏	拉孜	40.4	08	波密	75.9	19	林芝	37.7	17
陕西	子洲	114.0	18	临潼	116.1	03	镇巴	73.7	10
甘肃	徽县	73.9	22	灵台	61.1	12	兰州	44.5	21
青海	乌兰	43.9	04	乐都	40.6	02	久治	41.3	10
宁夏	海原	35.6	09	海原	44.4	03	陶乐	46.0	08
新疆	天池	29.9	11	天池	65.2	15	塔城	64.6	21

注:以 * 标注的数值为当月全国最大日降水量。

表 1.3.2d　2015 年第四季度全国各省(自治区、直辖市)各月最大日降水量概况表

省(自治区、直辖市)	10 月			11 月			12 月		
	站名	降水量(mm)	出现日期	站名	降水量(mm)	出现日期	站名	降水量(mm)	出现日期
北京	海淀	10.0	22	佛爷顶	20.0	06	霞云岭	3.5	14
天津	津南区	14.2	22	大港	33.1	06	武清	1.0	14
河北	蠡县	21.3	22	怀安	36.5	06	崇礼	2.5	14
山西	垣曲	52.9	25	运城	39.4	06	临县	7.2	13
内蒙古	科左后旗	20.2	01	丰镇	32.1	06	莫力达瓦达斡尔族自治旗	12.9	02
辽宁	丹东	77.5	01	丹东	48.6	07	东港	22.9	02
吉林	通化	35.4	01	集安	22.0	07	桦甸	20.9	02
黑龙江	东宁	30.4	09	尚志	9.3	09	饶河	26.7	03
上海	小洋山	45.4	29	小洋山	47.7	18	崇明	35.0	10
江苏	楚州	52.3	01	西连岛	81.3	13	启东	26.8	10
浙江	常山	127.4	07	建德	84.3	08	仙居	53.4	05
安徽	宿松	69.9	07	泗县	69.3	07	歙县	41.3	05
福建	泰宁	75.7	30	邵武	86.7	17	厦门	113.2 *	09
江西	进贤	88.9	05	南昌	117.4	08	寻乌	77.3	09
山东	威海	33.5	01	日照	66.6	06	成山头	8.3	02
河南	博爱	77.2	25	淮阳	69.5	06	淮滨	6.4	22
湖北	蕲春	82.7	07	应城	84.9	07	通城	23.6	05
湖南	宁远	77.7	31	桂东	127.1	16	资兴	65.0	05
广东	南海	285.0	05	遂溪	106.3	13	佛冈	104.0	09
广西	金秀	335.5 *	05	灵川	148.9 *	08	防城	79.3	02
海南	琼海	114.1	11	万宁	78.6	21	珊瑚	73.3	09
重庆	天城	56.5	25	梁平	22.7	24	秀山	22.2	05
四川	遂宁	72.2	23	武胜	30.9	24	西昌	25.6	04
贵州	紫云	91.0	03	册亨	71.1	11	黎平	35.7	05
云南	金平	113.8	09	金平	82.6	12	屏边	39.6	04
西藏	波密	20.9	11	隆子	11.0	01	嘉黎	7.4	03
陕西	岐山	48.5	24	佳县	37.5	06	定边	14.3	13
甘肃	正宁	25.7	24	华池	21.0	06	秦安	8.2	12
青海	泽库	33.4	06	贵南	12.1	11	湟中	3.4	13
宁夏	惠农	19.6	25	盐池	17.3	05	海原	12.1	12
新疆	霍尔果斯	17.3	23	博乐	25.1	02	乌鲁木齐	35.9	11

注:以 * 标注的数值为当月全国最大日降水量。

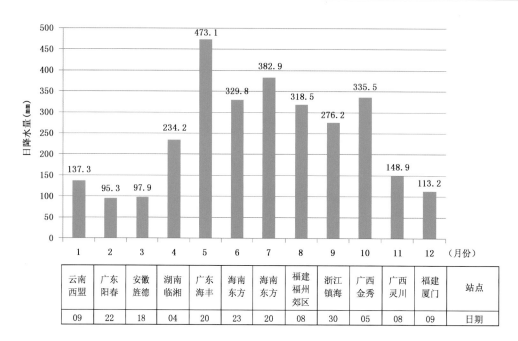

云南西盟	广东阳春	安徽旌德	湖南临湘	广东海丰	海南东方	海南东方	福建福州郊区	浙江镇海	广西金秀	广西灵川	福建厦门	站点
09	22	18	04	20	23	20	08	30	05	08	09	日期

图 1.3.16　2015 年 1—12 月全国最大日降水量直方图

（图下方表格为与横坐标月份对应的最大日降水量出现的站点和日期）

1.3.7　突破 54 a(1961—2014 年)日降水量历史记录概况

表 1.3.3　2015 年突破 54 a(1961—2014 年)日降水量历史记录概况表

省(自治区、直辖市)	站名	2015 年		历史记录	
		降水量（mm）	出现时间（月-日）	降水量（mm）	出现时间（年-月-日）
新疆	塔城	64.6	09-21	56.9	1966-06-08
	尼勒克	46.9	06-29	40.7	1998-07-13
	巩留	94.8	06-27	48.8	1979-07-15
甘肃	肃南	46.7	07-04	32.8	1967-08-06
青海	贵南	56.2	06-29	49.4	1972-05-10
山东	惠民	206.2	08-03	190.5	1977-08-06
四川	甘孜	42.9	09-12	40.9	1995-06-03
	高坪	192.7	08-17	177.4	2010-07-17
西藏	林芝	53.1	06-20	49.7	1978-09-12
	林芝	65.6	08-19	49.7	1978-09-12
云南	洱源	108.8	10-09	72.4	2003-05-20
	双江	123.9	01-09	103.8	1990-05-06
	临沧	105.0	01-09	97.4	1974-08-27
陕西	临潼	116.1	08-03	100.0	1991-07-28
湖北	仙桃	217.9	07-23	193.8	1991-07-09

省(自治区、直辖市)	站名	2015 年		历史记录	
		降水量(mm)	出现时间(月-日)	降水量(mm)	出现时间(年-月-日)
湖南	岳阳	222.7	04-04	217.0	2002-07-22
贵州	松桃	185.1	07-15	165.6	1998-08-17
	金沙	152.1	08-18	149.7	2007-07-29
	长顺	247.8	08-28	243.8	1970-07-12
江苏	南通	210.8	08-24	194.0	2009-07-28
	如东	245.3	08-24	236.8	1993-08-06
	金坛	274.6	06-27	218.5	1965-08-21
	常州	243.6	06-27	196.2	1994-08-19
	江阴	241.5	06-27	221.6	2011-07-13
	海门	201.5	06-27	170.7	1975-06-21
浙江	定海	267.7	07-11	235.9	2007-10-08
	云和	144.9	08-09	138.5	1970-06-26
江西	武宁	164.4	08-09	158.5	1995-06-25
	德兴	244.3	06-03	233.6	2011-06-15
福建	周宁	307.3	08-09	213.5	2008-07-29
	连城	225.1	07-22	206.8	1964-06-15
广东	连州	204.6	05-20	192.3	2002-07-01
广西	金秀	335.5	10-05	288.4	2006-07-16

1.4　2015 年干旱地区日降水量≥25.0 mm 概况

表 1.4.1　2015 年干旱地区日降水量≥25.0 mm 概况表

省(自治区、直辖市)	站名	出现时间(月-日)	降水量(mm)	省(自治区、直辖市)	站名	出现时间(月-日)	降水量(mm)
内蒙古	额济纳旗	04-01	25.7	内蒙古	五原	04-01	28.0
	中泉子	07-08	25.9		白云鄂博气象局	07-20	27.5
	中泉子	08-10	32.5		达茂旗气象局	09-22	31.4
	那仁宝力格	06-10	29.7		固阳县气象局	07-28	30.2
	满都拉气象站	07-05	28.6		希拉穆仁气候站	06-23	32.9
	阿巴嘎旗	09-05	33.1		希拉穆仁气候站	09-22	30.5
	朱日和	06-12	27.6		磴口	04-01	31.5
	朱日和	09-16	25.8		杭锦后旗	04-01	41.9
	乌拉特中旗	07-07	43.2		乌拉特前旗	09-08	34.2

续表

省(自治区、直辖市)	站名	出现时间（月-日）	降水量（mm）	省(自治区、直辖市)	站名	出现时间（月-日）	降水量（mm）
内蒙古	乌海	09-29	31.0		托里	06-22	35.6
	临河	04-01	29.9		温泉	05-18	26.1
	伊克乌素	04-01	40.7		米泉	12-11	27.4
	鄂托克旗	04-01	29.3		吉木萨尔	06-28	29.4
	鄂托克旗	09-29	25.0		奇台	08-12	29.1
	满洲里	08-01	25.4		奇台	09-29	28.2
甘肃	永靖	08-03	42.5		伊宁	06-27	29.9
	肃南	05-27	27.4		巩留	06-27	94.8
	肃南	07-04	46.7		巩留	06-29	25.4
	兰州	09-21	44.5		乌鲁木齐	06-28	28.0
	白银	08-03	34.1		乌鲁木齐	12-11	35.9
青海	贵德	08-02	31.5		巴仑台	08-30	42.4
	大柴旦	06-18	28.7		和硕	05-19	27.8
宁夏	惠农	04-01	39.9	新疆	乌什	06-10	46.2
	惠农	07-22	29.3		阿图什	06-25	27.2
	贺兰	09-08	29.0		乌恰	08-25	29.7
	平罗	08-11	43.0		伽师	08-31	29.2
	平罗	09-08	37.3		阿合奇	06-10	26.8
	银川	09-03	29.3		阿合奇	09-02	29.8
	银川	09-08	29.3		岳普湖	08-31	44.1
	陶乐	04-01	29.0		柯坪	09-08	25.0
	陶乐	09-08	46.0		阿拉尔	09-08	25.7
	盐池	07-06	34.5		铁干里克	04-17	27.2
	盐池	08-10	26.3		铁干里克	05-27	29.2
	盐池	08-11	31.2		莎车	08-31	26.3
新疆	阿勒泰	09-21	25.1		叶城	08-31	29.4
	富蕴	06-28	27.0		泽普	08-31	28.5
	塔城	09-21	64.6		巴里坤	08-12	28.2
	额敏	09-05	33.7		巴里坤	08-15	32.8
	青河	06-28	32.8		伊吾	06-18	31.5
	博乐	11-02	25.1				

第 2 章　年度暴雨索引

2.1　全国各省(自治区、直辖市)暴雨索引(1—12 月)

表 2.1.1　2015 年 1 月暴雨索引

序号	日期	省(自治区、直辖市)	暴雨 站数	大暴雨 站数	特大暴雨 站数	≥50 mm/d 站数
1	2	西藏	1			1
2	9	云南	29	7		36
3	12	广东	24			25
		广西	1			
4	13	福建	11			25
		广东	9			
		浙江	5			
5	14	上海	1			4
		浙江	3			
6	19	云南	1			1

表 2.1.2　2015 年 2 月暴雨索引

序号	日期	省(自治区、直辖市)	暴雨 站数	大暴雨 站数	特大暴雨 站数	≥50 mm/d 站数
7	18	湖南	1			1
8	19	贵州	1			3
		湖南	2			
9	20	湖北	12			28
		湖南	9			
		江西	7			
10	21	江西	1			1
11	22	广东	4			5
		广西	1			
12	25	江西	3			3
13	27	安徽	6			9
		江西	3			

表 2.1.3　2015 年 3 月暴雨索引

序号	日期	省（自治区、直辖市）	暴雨站数	大暴雨站数	特大暴雨站数	≥50 mm/d站数
14	5	江西	1			1
15	8	江西	3			3
16	15	福建	1			8
		江西	6			
		浙江	1			
17	16	江西	1			1
18	17	河南	1			6
		湖北	4			
		江苏	1			
19	18	安徽	15			23
		江苏	4			
		江西	3			
		浙江	1			
20	23	湖南	2			3
		云南	1			
21	25	云南	1			1
22	28	贵州	1			1
23	30	安徽	4			13
		广西	1			
		湖南	1			
		江西	7			

表 2.1.4　2015 年 4 月暴雨索引

序号	日期	省（自治区、直辖市）	暴雨站数	大暴雨站数	特大暴雨站数	≥50 mm/d站数
24	1	河南	4			11
		陕西	5	1		
		四川	1			
25	2	安徽	1			19
		河南	2			
		湖北	4			
		辽宁	5			
		山东	7			

续表

序号	日期	省（自治区、直辖市）	暴雨站数	大暴雨站数	特大暴雨站数	≥50 mm/d站数
26	3	安徽	4			22
		湖北	2			
		湖南	1			
		江西	11			
		浙江	4			
27	4	安徽	5			45
		湖北	18	5		
		湖南	1	3		
		江西	11	2		
28	5	安徽	19			36
		湖北	11			
		四川	5			
		重庆	1			
29	6	安徽	9			26
		湖北	1			
		江苏	2			
		江西	2			
		上海	1			
		浙江	11			
30	7	广西	1			28
		湖南	6			
		江西	18			
		浙江	3			
31	9	福建	1			1
32	11	广东	1			1
33	12	海南	1			2
		天津	1			
34	19	湖南	3			7
		江西	3			
		浙江	1			
35	20	福建	4			35
		广东	12			
		广西	7			
		湖南	6			
		江西	6			

续表

序号	日期	省(自治区、直辖市)	暴雨站数	大暴雨站数	特大暴雨站数	≥50 mm/d站数
36	21	广东	3			3
37	22	海南	1			2
		云南	1			
38	23	海南	1	1		2
39	24	海南	3	2		5
40	26	广东	1			1
41	27	贵州	7			12
		湖南	5			
42	28	福建	1			6
		广东	1			
		广西	2			
		江西	2			
43	30	广东	2			3
		广西		1		

表 2.1.5 2015 年 5 月暴雨索引

序号	日期	省(自治区、直辖市)	暴雨站数	大暴雨站数	特大暴雨站数	≥50 mm/d站数
44	1	广东	2			24
		河南	3			
		湖北	3			
		湖南	6			
		江西	2			
		陕西	4			
		四川	3			
		重庆	1			
45	2	安徽	1	1		24
		福建	1			
		广东	1			
		广西	3			
		海南	1			
		河南	6			
		湖南	1			
		江西	9			

续表

序号	日期	省（自治区、直辖市）	暴雨 站数	大暴雨 站数	特大暴雨 站数	≥50 mm/d 站数
46	3	广东	3			3
47	4	福建	1			5
		广东	1	1		
		广西	2			
48	5	福建	1			15
		广东	11	3		
49	6	广东	10	4		19
		广西	3			
		江西	2			
50	7	广东	5	2		8
		云南	1			
51	8	广西	8	1		51
		贵州	6	1		
		河南	4			
		湖北	10			
		湖南	10			
		江西	6			
		四川	5			
52	9	福建	6			24
		广东	7	4		
		广西	3			
		贵州	1			
		河北	3			
53	10	福建	1			5
		广东	1			
		广西	1			
		海南	2			
54	11	安徽	8	1		67
		福建	2			
		广东	7	3		
		广西	5	2		
		贵州	2			
		海南	1			
		湖北	2			
		湖南	7			
		江西	25	1		
		浙江	1			

续表

续表

序号	日期	省(自治区、直辖市)	暴雨站数	大暴雨站数	特大暴雨站数	≥50 mm/d站数
55	12	广东	1			9
		吉林	3			
		辽宁	4			
		内蒙古	1			
56	14	广西	1			28
		湖北	1			
		江西	18	1		
		陕西	1			
		浙江	6			
57	15	安徽	16	5		118
		广东	1			
		广西	7	9		
		贵州	7			
		湖北	21	4		
		湖南	14			
		江苏	14	2		
		江西	9			
		上海	2			
		云南	1			
		浙江	2			
		重庆	4			
58	16	福建	5	2		48
		广东	15	5		
		广西	7	1		
		海南	1			
		江西	5			
		云南	1			
		浙江	6			
59	17	广东	7	2		11
		贵州	1			
		海南	1			
60	18	安徽	4			30
		福建	2			
		广东	4	1		

续表

续表

序号	日期	省（自治区、直辖市）	暴雨站数	大暴雨站数	特大暴雨站数	≥50 mm/d站数
60	18	广西	3	1		30
		贵州	2			
		湖北	1			
		湖南	6			
		江西	3			
		新疆	1			
		浙江	2			
61	19	福建	13	4	2	43
		广东	2	1		
		广西	1	2		
		贵州	3			
		湖南	3			
		江西	9	3		
62	20	福建	5	1		109
		广东	18	15	2	
		广西	29	7	1	
		贵州	13	1		
		湖南	8	4		
		江西	4			
		四川	1			
63	21	福建	1			26
		甘肃	1			
		广东	3			
		贵州	1	1		
		海南	1			
		江西	4	1		
		四川	3			
		云南	10			
64	22	广东	1			14
		广西	8	2		
		四川	1			
		云南	2			
65	23	福建	1			54
		广东	18	4		
		广西	25	4		
		云南	2			

续表

序号	日期	省(自治区、直辖市)	暴雨 站数	大暴雨 站数	特大暴雨 站数	≥50 mm/d 站数
66	24	福建	1			12
		广东	10			
		广西	1			
67	25	广东	6	1		7
68	26	福建	2			16
		广东	3	2		
		贵州	1			
		湖南	1			
		江西	4	3		
69	27	福建	1			24
		广东	4	1		
		贵州	4	2		
		湖南	5	1		
		江西	6			
70	28	安徽	1			15
		福建	1			
		湖南	3			
		江西	8	2		
71	29	安徽	3			20
		河南	1			
		湖北	9			
		湖南	3			
		江苏	1			
		江西	3			
72	30	福建	7	1		40
		广东	1			
		广西	1			
		贵州	2			
		湖南	1			
		江西	21	3		
		浙江	3			
73	31	福建	7			20
		甘肃	2			
		广东	4	1		

序号	日期	省(自治区、直辖市)	暴雨站数	大暴雨站数	特大暴雨站数	≥50 mm/d站数
73	31	广西	2			20
		贵州	1			
		江西	1			
		云南	1			
		浙江	1			

表 2.1.6　2015 年 6 月暴雨索引

序号	日期	省(自治区、直辖市)	暴雨站数	大暴雨站数	特大暴雨站数	≥50 mm/d站数
74	1	福建	1			18
		广东	4	1		
		黑龙江	1			
		湖北	6			
		四川	1			
		重庆	3	1		
75	2	安徽	21	3		104
		广东		1		
		贵州	1	1		
		河南	2	1		
		湖北	14	5		
		湖南	13	4		
		江苏	15	17		
		江西	2			
		上海	2	1		
		重庆	1			
76	3	安徽	2			60
		贵州	10	4		
		湖北	1			
		湖南	8	1		
		江苏	4			
		江西	16	11		
		上海	2			
		浙江	1			

续表

序号	日期	省(自治区、直辖市)	暴雨 站数	大暴雨 站数	特大暴雨 站数	≥50 mm/d 站数
77	4	福建	16	4		34
		广东	1			
		贵州	6			
		湖南	2			
		江西	3			
		浙江	2			
78	5	广东	6			19
		广西	8			
		江西	2			
		云南	3			
79	6	广东	1			7
		广西	3			
		海南	1			
		云南	2			
80	7	广东	2			43
		广西	4	1		
		贵州	10			
		黑龙江	4			
		湖北	10			
		湖南	5			
		江西	3			
		内蒙古	1			
		云南	1			
		浙江	2			
81	8	安徽	8	12		113
		广西	5	1		
		贵州	18	4		
		海南	1			
		湖北	9			
		湖南	16	6		
		江西	18	2		
		云南	1			
		浙江	11	1		

续表

序号	日期	省（自治区、直辖市）	暴雨 站数	大暴雨 站数	特大暴雨 站数	≥50 mm/d 站数
82	9	福建	3			47
		广东	1			
		广西	4			
		江西	19	3		
		四川	2			
		云南	1			
		浙江	14			
83	10	福建	1			34
		广东	1			
		广西	4	1		
		贵州	6	1		
		湖南	3			
		江西	10			
		新疆	1			
		浙江	6			
84	11	福建	7			85
		广东	3			
		广西	18	8		
		贵州		1		
		海南	1			
		河北	2			
		湖南	10	3		
		江西	15	4		
		辽宁	5			
		内蒙古	2			
		四川	1			
		云南	3			
		浙江	1			
		重庆	1			
85	12	广西	1			3
		江西	1			
		云南	1			
86	13	福建	1	1		42
		广东	1			
		广西	10	4		
		贵州	15	1		
		江西	9			

续表

续表

序号	日期	省(自治区、直辖市)	暴雨站数	大暴雨站数	特大暴雨站数	≥50 mm/d站数
87	14	广西	23	7		66
		湖北	2			
		湖南	5			
		江西	21	5		
		浙江	3			
88	15	安徽	1			11
		广西	2	1		
		贵州	2			
		湖南	1			
		山西	1			
		上海	3			
89	16	安徽	19	3		57
		河南	8			
		湖北	3	1		
		江苏	13	3		
		四川	1			
		新疆	1			
		浙江	1			
		重庆	4			
90	17	安徽	22	2		93
		河南	4			
		黑龙江	1			
		湖北	22	3		
		湖南	2			
		江苏	17	11		
		辽宁	1			
		上海	1	4		
		重庆	2	1		
91	18	安徽	1			104
		广西	1			
		贵州	26	4		
		湖南	5			
		江西	34	11		
		辽宁	1			
		内蒙古	3			
		浙江	13	5		

续表

续表

序号	日期	省（自治区、直辖市）	暴雨站数	大暴雨站数	特大暴雨站数	≥50 mm/d 站数
92	19	福建	3			21
		广东	1			
		广西	5			
		江西	1			
		云南	9	2		
93	20	福建	1			9
		广西	1	1		
		贵州	4			
		湖北	1			
		西藏	1			
94	21	安徽	7			84
		福建	1			
		广东	1			
		广西	4	1		
		贵州	18	3		
		湖北	14			
		湖南	23	8		
		江西	1			
		四川	1			
		云南	1	1		
95	22	安徽	3			27
		福建	2			
		广东	1			
		海南	3			
		黑龙江	1			
		湖南	1			
		江西	8	4		
		内蒙古	1			
		云南	3			
96	23	安徽	1			31
		广东	2			
		广西	1			
		海南	3	1	1	
		河南	1			
		黑龙江	2			
		陕西	1			
		四川	17	1		

续表

续表

序号	日期	省（自治区、直辖市）	暴雨站数	大暴雨站数	特大暴雨站数	≥50 mm/d站数
97	24	安徽	9			105
		广东	6			
		广西	4			
		河南	30	1		
		湖北	1			
		湖南	1			
		江苏	21			
		山东	13	1		
		山西	1			
		陕西	2	1		
		四川	7	6		
		云南	1			
98	25	安徽	7	3		41
		广西	1			
		河北	1			
		河南	6			
		江苏	8	6		
		陕西	3			
		四川	2			
		云南	1			
		重庆	2	1		
99	26	安徽	4			14
		北京	1			
		江苏	2			
		辽宁	2			
		陕西	1			
		上海	1			
		云南	2	1		
100	27	安徽	22	13		91
		河南	12	3		
		江苏	5	27	1	
		上海		1		
		四川	5	1		
		新疆	1			

续表

序号	日期	省（自治区、直辖市）	暴雨 站数	大暴雨 站数	特大暴雨 站数	≥50 mm/d 站数
101	28	安徽	5	3		38
		河南	4			
		黑龙江	2			
		湖北	1			
		江苏	7			
		陕西	3			
		上海	7			
		四川	2	3		
		浙江	1			
102	29	安徽	3	1		29
		河北	3			
		江苏	6	2		
		内蒙古	1			
		青海	1			
		山西	1			
		陕西	2	1		
		四川	4	1		
		重庆	3			
103	30	安徽	6	2		52
		河南	4			
		湖北	4	1		
		湖南	1	1		
		江苏	11			
		江西	1			
		四川	9			
		重庆	11	1		

表 2.1.7　2015 年 7 月暴雨索引

序号	日期	省（自治区、直辖市）	暴雨 站数	大暴雨 站数	特大暴雨 站数	≥50 mm/d 站数
104	1	贵州	13			48
		湖南	3			
		江西	15	1		
		四川	1			
		浙江	11	1		
		重庆	3			

续表

序号	日期	省(自治区、直辖市)	暴雨站数	大暴雨站数	特大暴雨站数	≥50 mm/d站数
105	2	福建	3	3		52
		广西	6	4		
		贵州	2			
		湖南	12	4		
		江西	9	3		
		四川	2			
		浙江	4			
106	3	福建	7	2		45
		甘肃	1			
		广西	6	2		
		贵州	7	1		
		黑龙江	1			
		湖南	7	1		
		江西	3	1		
		云南	2			
		浙江	4			
107	4	福建	1			51
		广东	2			
		广西	16	3		
		湖南	7	3		
		江西	9			
		云南	6	2		
		浙江	2			
108	5	福建	2			31
		广东	5	2		
		广西	2	1		
		海南	1			
		云南	2			
		浙江	16			
109	6	上海	1			8
		浙江	7			
110	7	福建	2			2
111	9	福建	1			22
		甘肃	1			

续表

续表

序号	日期	省（自治区、直辖市）	暴雨站数	大暴雨站数	特大暴雨站数	≥50 mm/d 站数
111	9	广东	7	9		22
		湖北	1			
		四川	2			
		云南	1			
112	10	广东	14	3		22
		海南	1			
		云南	4			
113	11	安徽	2			52
		黑龙江	3			
		江苏	6			
		上海	9	1		
		浙江	16	13	2	
114	12	安徽	1			8
		广西	1			
		江苏	1			
		山东		5		
115	13	海南	1			21
		黑龙江	4	1		
		吉林	9			
		江苏	1			
		四川	2	2		
		云南	1			
116	14	广东	1			30
		黑龙江	1			
		湖北	4			
		湖南	1			
		山东	2			
		山西	1			
		四川	13	2		
		云南	1			
		重庆	4			
117	15	贵州	7	1		90
		河南	17	1		
		湖北	37	1		

续表

序号	日期	省(自治区、直辖市)	暴雨站数	大暴雨站数	特大暴雨站数	≥50 mm/d站数
117	15	湖南	2			90
		江苏	1			
		山西	3			
		四川	2			
		重庆	18			
118	16	安徽	15	4		37
		广东	1	1		
		广西	2			
		河北	1			
		河南	5			
		湖北	2			
		湖南	2			
		山东	1			
		云南	3			
119	17	安徽	6	1		37
		北京	5			
		福建	2			
		广东	3	1		
		广西	7			
		河北	3			
		江苏	1			
		江西	2			
		山西	2			
		四川	1			
		浙江	2			
		重庆	1			
120	18	安徽	1			28
		北京	2			
		福建	1			
		广东	2	1		
		海南	1			
		河北	5			
		江苏	5			
		内蒙古	1			

续表

序号	日期	省（自治区、直辖市）	暴雨站数	大暴雨站数	特大暴雨站数	≥50 mm/d站数
120	18	山东	5			28
		陕西	1	1		
		浙江	2			
121	19	北京	2			30
		广西	1			
		海南	6			
		河北	5			
		河南	1			
		江苏	8			
		内蒙古	1			
		陕西	1			
		四川	1			
		天津	3			
		云南	1			
122	20	北京	1			68
		福建	17	10		
		广东	7	9		
		广西	1			
		海南	10	3	1	
		河北	4	1		
		河南	1			
		黑龙江	1			
		山西	1			
		云南	1			
123	21	安徽	1			55
		福建	6			
		广东	22	5	1	
		广西	3	1		
		河北	3	1		
		黑龙江	1			
		江西	4			
		陕西	1			
		四川	2			
		云南	1			
		浙江	3			

续表

序号	日期	省(自治区、直辖市)	暴雨 站数	大暴雨 站数	特大暴雨 站数	≥50 mm/d 站数
124	22	安徽	1			74
		福建	9	1		
		甘肃	1			
		广东	3	1		
		广西	1			
		贵州	6	1		
		河北	1	2		
		河南	2			
		湖北	4			
		湖南	4			
		江西	4			
		辽宁	1			
		内蒙古	2			
		山东	2			
		四川	11	1		
		云南	1			
		重庆	12	3		
125	23	安徽	13	1		115
		福建	1	1		
		广东	11	2	1	
		广西	18	2		
		贵州	2			
		河南	3			
		湖北	17	9		
		湖南	16	2		
		江苏	2			
		江西	1			
		辽宁	1			
		山东	4	1		
		云南	5			
		浙江	2			
126	24	安徽	12	9		68
		福建	1			
		广东	7	3		

续表

序号	日期	省(自治区、直辖市)	暴雨站数	大暴雨站数	特大暴雨站数	≥50 mm/d站数
126	24	广西	11	1		68
		黑龙江	2			
		湖南	6			
		江苏	2			
		江西	5	1		
		内蒙古	1			
		云南	4	3		
127	25	安徽	1			32
		广东	2			
		广西	10	3		
		河南	1			
		黑龙江	1			
		湖南	5			
		吉林	1			
		江西	7			
		山东	1			
128	26	广西	12	4		25
		贵州	1			
		海南	1			
		黑龙江	4	1		
		上海	1			
		浙江	1			
129	27	广西	9	3	1	22
		贵州	3			
		河北	2			
		黑龙江	1	1		
		湖南	1			
		辽宁	1			
130	28	北京	3			27
		广西	7	3	1	
		贵州	2			
		海南	3			
		河北	5			
		山西	1			
		云南	1			
		浙江	1			

续表

续表

序号	日期	省(自治区、直辖市)	暴雨站数	大暴雨站数	特大暴雨站数	≥50 mm/d站数
131	29	福建	4			27
		广西	4	3		
		贵州	1			
		河北	2			
		辽宁	8	1		
		山西	1			
		云南	3			
132	30	广西	4			50
		河北	13			
		河南	5			
		吉林	1			
		江西	1			
		辽宁	13			
		山东	9	2		
		四川	1			
		云南	1			
133	31	北京	1			47
		广东	1			
		广西	3	1		
		贵州	1			
		海南	1			
		河北	3			
		河南	1			
		江苏	3	1		
		山东	24	5		
		陕西	1			
		云南	1			

表 2.1.8　2015 年 8 月暴雨索引

序号	日期	省(自治区、直辖市)	暴雨站数	大暴雨站数	特大暴雨站数	≥50 mm/d站数
134	1	安徽	1			31
		广西	1			
		河北			1	
		江苏	7	2		
		云南	19			

续表

序号	日期	省（自治区、直辖市）	暴雨 站数	大暴雨 站数	特大暴雨 站数	≥50 mm/d 站数
135	2	甘肃	3			20
		黑龙江	1			
		辽宁	1			
		内蒙古	1			
		山东	4	1		
		山西	5	1		
		陕西	1			
		天津	1			
		云南	1			
136	3	海南	1			71
		河北	12	8		
		河南	6			
		吉林	3			
		辽宁	3			
		山东	14	14		
		山西	5			
		陕西	2	1		
		四川		1		
		云南	1			
137	4	福建	1			34
		河南	1			
		湖北	1			
		吉林	7			
		辽宁	7	1		
		山东	5			
		山西	1			
		陕西	1			
		四川	5	3		
		云南	1			
138	5	安徽	3			22
		贵州	1			
		河南	8			
		湖北	3			
		山东	2			

续表

序号	日期	省(自治区、直辖市)	暴雨站数	大暴雨站数	特大暴雨站数	≥50 mm/d站数
138	5	四川	3			22
		云南	1			
		重庆	1			
139	6	安徽	1			22
		贵州	2			
		河南	1			
		江苏	2			
		江西	1			
		辽宁	3			
		山东	10			
		云南	2			
140	7	贵州	2			31
		河北	1			
		黑龙江	1			
		吉林	1			
		江苏	1	2		
		辽宁	4			
		内蒙古	1			
		山东	11	2		
		四川	2			
		浙江	1			
		重庆	2			
141	8	安徽	1			59
		福建	8	13	2	
		贵州	3			
		黑龙江	2			
		江苏	3	1		
		山东	2			
		四川	13			
		云南	3			
		浙江	3	2		
		重庆	3			
142	9	安徽	9			94
		福建	21	10	2	

序号	日期	省（自治区、直辖市）	暴雨 站数	大暴雨 站数	特大暴雨 站数	≥50 mm/d 站数
142	9	河南	2			94
		黑龙江	2			
		湖南	2			
		吉林	1			
		江西	2	1	1	
		四川	10			
		云南	5	1		
		浙江	17	8		
143	10	安徽	17	5		96
		福建	6	1		
		广东	8			
		河南	2			
		湖北	1			
		江苏	17	18		
		江西	7	2		
		云南	2			
		浙江	8	2		
144	11	安徽	1			23
		福建	1	1		
		广东	4			
		海南	1			
		江苏	7	2		
		江西	4			
		陕西	1			
		新疆	1			
145	12	福建	4			37
		甘肃	2			
		广西	1			
		贵州	13	2		
		海南	3			
		江西	2			
		陕西	1			
		四川	2			
		云南	5			
		浙江	1			
		重庆	1			

续表

序号	日期	省（自治区、直辖市）	暴雨站数	大暴雨站数	特大暴雨站数	≥50 mm/d站数
146	13	福建	1	2		39
		广东	4	1		
		广西	5			
		贵州	6	1		
		湖南	9			
		江西	4	1		
		云南	2			
		浙江	3			
147	14	安徽	1			39
		福建	4			
		广东	7	1		
		广西	6	1		
		河南	3			
		湖南	1			
		江西	5			
		内蒙古	1			
		四川	5			
		云南	1			
		浙江	2	1		
148	15	安徽	3			55
		福建	3			
		广东	7			
		广西	3			
		贵州	1	1		
		河南	1			
		黑龙江	1	1		
		湖北	6			
		湖南	3			
		吉林	1			
		江西	3			
		辽宁	2			
		内蒙古		1		
		山东	2			
		四川	5			

续表

续表

序号	日期	省（自治区、直辖市）	暴雨站数	大暴雨站数	特大暴雨站数	≥50 mm/d 站数
148	15	新疆	1			55
		云南	5			
		浙江	3	1		
		重庆	1			
149	16	福建	1			28
		广东	1	1		
		广西	3			
		贵州	3			
		湖北	1			
		湖南	1			
		江苏	1			
		江西	3			
		上海	1			
		四川	4			
		浙江	8			
150	17	福建	2			65
		贵州	2			
		黑龙江	1			
		湖北	1			
		江西	2			
		四川	30	13		
		云南	2			
		重庆	8	4		
151	18	福建	1			47
		贵州	13	2		
		河北	7			
		黑龙江	1			
		湖北	3			
		湖南	1			
		辽宁	1			
		陕西	3			
		四川	10	1		
		云南	1			
		重庆	2	1		

续表

序号	日期	省(自治区、直辖市)	暴雨 站数	大暴雨 站数	特大暴雨 站数	≥50 mm/d 站数
152	19	安徽	1			55
		福建	1	1		
		广东	1			
		广西	5	4		
		贵州	6	1		
		河北	1			
		河南	10			
		湖北	2			
		湖南	8			
		江西	2	1		
		辽宁	1			
		四川	2			
		西藏	2			
		云南	6			
153	20	安徽	2			22
		广东	2			
		广西	4			
		江苏	7	1		
		江西	2			
		云南	1			
		浙江	3			
154	21	黑龙江	1			5
		浙江	4			
155	22	吉林	2			16
		山东	1			
		上海	3			
		云南	1			
		浙江	9			
156	23	河北	3			21
		河南	2			
		江苏	1			
		山东	2			
		山西	1			
		陕西	1			

续表

续表

序号	日期	省（自治区、直辖市）	暴雨 站数	大暴雨 站数	特大暴雨 站数	≥50 mm/d 站数
156	23	上海	2	2		21
		云南	1			
		浙江	6			
157	24	福建	3			36
		江苏	7	8		
		上海	7	4		
		四川	3			
		云南	1			
		浙江	3			
158	25	贵州	2			9
		四川	2			
		云南	5			
159	26	广西	3			16
		海南	1			
		山东	1	1		
		云南	8	2		
160	27	福建		1		13
		广东	2			
		广西	2			
		贵州	2			
		黑龙江	1			
		吉林	2			
		云南	3			
161	28	福建	4			63
		广西	8			
		贵州	15	9		
		湖南	19	1		
		江西	4			
		四川	2	1		
162	29	福建	4			27
		广东	4			
		广西	11	3		
		山东	2			
		上海	1			
		云南	2			

续表

续表

序号	日期	省(自治区、直辖市)	暴雨站数	大暴雨站数	特大暴雨站数	≥50 mm/d 站数
163	30	北京	1			40
		福建	7			
		广东	6	2		
		广西	9	3		
		河北	3			
		河南	4			
		江苏	1			
		内蒙古	1			
		山西	1			
		陕西	1			
		云南	1			
164	31	福建	4			27
		广东	7			
		广西	1	1		
		河北	8			
		河南	1			
		辽宁	1			
		山东	4			

表 2.1.9　2015 年 9 月暴雨索引

序号	日期	省(自治区、直辖市)	暴雨站数	大暴雨站数	特大暴雨站数	≥50 mm/d 站数
165	1	福建	10			47
		广东	12			
		广西	7			
		海南	2			
		河北	1	2		
		江苏	2			
		江西	1			
		山东	5			
		天津	1	1		
		云南	3			

序号	日期	省（自治区、直辖市）	暴雨站数	大暴雨站数	特大暴雨站数	≥50 mm/d站数
166	2	福建	1			24
		广东	5	3		
		广西	5			
		海南	3			
		江西	2			
		辽宁	1			
		山东	2			
		云南	1			
		重庆		1		
167	3	福建	1			13
		广东	7			
		广西	2	1		
		江西	1			
		四川	1			
168	4	北京	3	1		16
		福建	1	1		
		广西	1			
		内蒙古	1			
		四川	1			
		天津	6			
		云南	1			
169	5	安徽	2			53
		河南	1			
		湖北	14	3		
		江苏	10	1		
		江西	3			
		四川	8	1		
		浙江	2			
		重庆	6	2		
170	6	福建	1			45
		贵州	14	2		
		湖南	9			
		江西	15			
		四川	2			
		浙江	2			

续表

序号	日期	省(自治区、直辖市)	暴雨 站数	大暴雨 站数	特大暴雨 站数	≥50 mm/d 站数
171	7	福建	1			31
		广东	6			
		广西	21	1		
		贵州	1			
		湖北		1		
172	8	广东	1			18
		广西	6	2		
		海南	1			
		四川	6			
		云南	2			
173	9	四川	18	3		22
		云南	1			
174	10	广西	1			17
		河北	1			
		陕西	4			
		四川	8	3		
175	11	湖北	1			30
		四川	9	3		
		重庆	17			
176	12	广西	11	2		24
		贵州	5	1		
		海南	1			
		四川	2			
		云南	1	1		
177	13	海南	3			5
		云南	2			
178	14	海南	9	1		10
179	15	广东		1		11
		海南	4	2		
		四川	1			
		浙江	3			
180	16	广东		1		3
		海南	2			

续表

序号	日期	省（自治区、直辖市）	暴雨 站数	大暴雨 站数	特大暴雨 站数	≥50 mm/d 站数
181	17	福建		1		5
		陕西	1			
		四川	1			
		云南	1			
		重庆	1			
182	18	海南	2			10
		湖北	7			
		云南	1			
183	19	贵州	1			9
		湖南	5			
		云南	1			
		重庆	2			
184	20	福建	14			32
		广东	2			
		广西	7			
		贵州	2	1		
		湖南	1			
		江西	4	1		
185	21	福建	2			19
		广东	11	1		
		广西		1		
		海南	3			
		新疆	1			
186	22	广东	2			2
187	23	江西	1			1
188	25	湖南	1			2
		江西	1			
189	26	广西	3			4
		云南	1			
190	27	广东	2			2
191	28	云南		1		2
		浙江	1			
192	29	福建	21	15		70
		广东	3			

续表

续表

序号	日期	省(自治区、直辖市)	暴雨 站数	大暴雨 站数	特大暴雨 站数	≥50 mm/d 站数
192	29	广西	1			70
		河北	1			
		江苏	1			
		上海	3			
		浙江	15	10		
193	30	福建	13	1		43
		海南	1			
		江苏	1			
		江西	5			
		山东	4	2		
		上海	2			
		云南	1			
		浙江	11	1	1	

表 2.1.10　2015 年 10 月暴雨索引

序号	日期	省(自治区、直辖市)	暴雨 站数	大暴雨 站数	特大暴雨 站数	≥50 mm/d 站数
194	1	广西	1			19
		贵州	5			
		江苏	1			
		辽宁	3			
		四川	7			
		云南	2			
195	2	海南	1			1
196	3	贵州	1			4
		海南	3			
197	4	广东	18	19		46
		广西	4			
		海南	5			
198	5	广东	17	14	1	74
		广西	24	12	1	
		湖南	4			
		江西	1			

续表

序号	日期	省（自治区、直辖市）	暴雨 站数	大暴雨 站数	特大暴雨 站数	≥50 mm/d 站数
199	6	广东	8	4		37
		广西	8	4		
		海南	2			
		湖北	6			
		湖南	5			
200	7	安徽	5			29
		福建	2			
		广东	5			
		海南	1			
		湖北	2			
		江西	6			
		云南	1			
		浙江	6	1		
201	8	福建	3			7
		云南	3			
		浙江	1			
202	9	福建	1			50
		海南	1			
		四川	2			
		云南	41	5		
203	10	海南	1			11
		云南	10			
204	11	海南	3	2		5
205	12	海南	1			1
206	13	海南	1			1
207	14	海南	1			1
208	16	贵州	1			1
209	18	贵州	3			3
210	22	四川	1			1
211	23	四川	1			1
212	25	河南	5			9
		山西	1			
		四川	2			
		重庆	1			

续表

续表

序号	日期	省(自治区、直辖市)	暴雨 站数	大暴雨 站数	特大暴雨 站数	≥50 mm/d 站数
213	27	湖南	1			1
214	29	湖南	4			4
215	30	福建	4			16
		广西	4	1		
		江西	7			
216	31	广东	3			20
		广西	11			
		湖南	5			
		云南	1			

表 2.1.11　2015 年 11 月暴雨索引

序号	日期	省(自治区、直辖市)	暴雨 站数	大暴雨 站数	特大暴雨 站数	≥50 mm/d 站数
217	1	云南	1			1
218	5	海南	2			2
219	6	广西		1		16
		河南	9			
		江苏	5			
		山东	1			
220	7	安徽	1			17
		广西	1			
		湖北	8			
		江苏	7			
221	8	广西	7	3		40
		湖南	7			
		江西	16	1		
		浙江	6			
222	9	广西	3			3
223	10	广西	1			1
224	11	广西	6			23
		贵州	4			
		湖南	3			
		江西	9			
		云南	1			

续表

序号	日期	省（自治区、直辖市）	暴雨 站数	大暴雨 站数	特大暴雨 站数	≥50 mm/d 站数
225	12	广西	33	8		78
		贵州	2			
		湖南	17	7		
		江西	5			
		云南	6			
226	13	广东	15	1		36
		广西	11	1		
		江苏	2			
		江西	6			
227	14	广东	1			1
228	16	福建	1			31
		广西	4	1		
		湖南	8	1		
		江西	14	2		
229	17	福建	5			32
		湖南	10			
		江西	9	1		
		浙江	7			
230	20	广西	18	3		27
		贵州	1			
		湖南	5			
231	21	广东	2			7
		广西	3	1		
		海南	1			
232	22	海南	2			3
		浙江	1			
233	24	江苏	1			1

表 2.1.12　2015 年 12 月暴雨索引

序号	日期	省（自治区、直辖市）	暴雨 站数	大暴雨 站数	特大暴雨 站数	≥50 mm/d 站数
234	2	广西	1			1
235	5	福建	3			38
		广西	9			

续表

序号	日期	省(自治区、直辖市)	暴雨站数	大暴雨站数	特大暴雨站数	≥50 mm/d站数
235	5	湖南	13			38
		江西	11			
		浙江	2			
236	9	福建	30	3		106
		广东	55	2		
		广西	2			
		海南	2			
		江西	12			
237	22	江西	3			3
238	23	福建	9			11
		江西	2			

2.2　单站连续性暴雨索引

表 2.2.1　2015 年全国单站连续性暴雨索引

序号	月份	起止日	省(自治区、直辖市)	站名	日期	降水量(mm)
1	5	5—6	广东	信宜	5	100.0
					6	157.8
2		5—7	广东	广州	5	103.1
					6	44.1
					7	139.4
3		16—18	广东	阳江	16	150.0
					17	116.7
					18	142.4
4		16—19	广东	斗门	16	140.1
					17	53.8
					18	76.3
					19	54.7
5		19—20	广东	海丰	19	121.7
					20	473.1
6		19—21	广东	始兴	19	96.3
					20	68.0
					21	95.3

续表

序号	月份	起止日	省(自治区、直辖市)	站名	日期	降水量(mm)
7	6	8—10	江西	东乡	8	56.6
					9	60.3
					10	52.4
				横峰	8	53.6
					9	88.5
					10	63.2
				鹰潭	8	51.1
					9	78.6
					10	77.4
8		9—11	江西	金溪	9	60.0
					10	52.3
					11	54.7
9		11—13	广西	永福	11	117.8
					12	0.9
					13	116.2
10		10—11	广西	雁山	10	136.9
					11	142.0
11		23—25	四川	开江	23	64.6
					24	83.3
					25	52.2
12		26—29	江苏	丹阳	26	56.9
					27	227.5
					28	55.1
					29	91.5
13		27—28	四川	剑阁	27	100.5
					28	248.3
14		27—29	江苏	常熟	27	170.2
					28	50.9
					29	61.6
15				江阴	27	241.5
					28	32.4
					29	172.8
16				张家港	27	235.7
					28	27.9
					29	152.3

续表

续表

序号	月份	起止日	省(自治区、直辖市)	站名	日期	降水量(mm)
17	6	27－30	安徽	淮南	27	111.7
					28	26.1
					29	112.7
					30	115.7
18		16－18	广东	广州	16	102.5
					17	31.9
					18	126.1
19			安徽	安庆	23	105.0
					24	114.2
					25	51.6
20		23－25	广西	金秀	23	81.8
					24	52.2
					25	80.4
21				合浦	24	85.2
					25	112.5
					26	109.1
22	7	24－26	广西	北海	24	99.7
					25	122.2
					26	199.7
23				涠洲岛	24	63.2
					25	136.4
					26	59.9
24				博白	24	50.6
					25	66.7
					26	85.9
25		24－27	广西	浦北	24	131.7
					25	51.1
					26	74.8
					27	77.7
26		26－29	广西	防城	26	93.7
					27	154.4
					28	140.7
					29	127.0
27		26－30	广西	钦州	26	98.8
					27	107.0
					28	126.1
					29	99.7
					30	53.5

序号	月份	起止日	省(自治区、直辖市)	站名	日期	降水量(mm)
28	7	26—31	广西	防城港	26	162.9
					27	88.2
					28	58.7
					29	102.5
					30	53.8
					31	133.8
29		26—1/8	广西	东兴	26	131.3
					27	267.2
					28	318.8
					29	143.8
					30	99.9
					31	62.2
					1	59.1
30	8	2—3	山东	惠民	2	102.8
					3	206.2
31		8—9	浙江	泰顺	8	139.9
					9	158.7
32			福建	柘荣	8	211.0
					9	265.3
33				霞浦	8	117.4
					9	153.8
34				罗源	8	270.4
					9	217.4
35				宁德	8	114.3
					9	237.2
36				三沙	8	179.4
					9	117.7
37				连江	8	147.7
					9	102.0
38				长乐	8	192.1
					9	119.3
39		8—10	福建	寿宁	8	89.6
					9	200.8
					10	61.9

续表

序号	月份	起止日	省(自治区、直辖市)	站名	日期	降水量(mm)
40	8	8—10	福建	周宁	8	125.1
					9	307.3
					10	58.9
41				平潭	8	70.7
					9	78.2
					10	169.8
42		9—10	江西	庐山	9	283.5
					10	147.0
43		22—24	上海	小洋山	22	77.6
					23	153.1
					24	84.5
44		30—31	广西	涠洲岛	30	154.6
					31	102.6
45	9	2—3	山东	惠民	2	102.8
					3	206.2
46		2—4	广西	防城港	2	60.4
					3	88.8
					4	54.5
47		8—9	浙江	泰顺	8	139.9
					9	158.7
48			福建	柘荣	8	211.0
					9	265.3
49				霞浦	8	117.4
					9	153.8
50				罗源	8	270.4
					9	217.4
51				宁德	8	114.3
					9	237.2
52				三沙	8	179.4
					9	117.7
53				连江	8	147.7
					9	102.0
54				长乐	8	192.1
					9	119.3

序号	月份	起止日	省(自治区、直辖市)	站名	日期	降水量(mm)
55	9	8—10	浙江	临海	8	69.6
					9	64.7
					10	175.4
56			福建	寿宁	8	89.6
					9	200.8
					10	61.9
57				周宁	8	125.1
					9	307.3
					10	58.9
58				平潭	8	70.7
					9	78.2
					10	169.8
59		9—10	江西	庐山	9	283.5
					10	147.0
60		22—24	上海	小洋山	22	77.6
					23	153.1
					24	84.5
61	10	4—5	广东	茂名	4	133.6
					5	110.5
62		4—6	广西	富川	4	50.3
					5	142.3
					6	53.2
63				博白	4	85.8
					5	109.1
					6	124.7
64				陆川	4	85.9
					5	204.5
					6	106.5
65			广东	三水	4	85.5
					5	227.6
					6	72.6
66				阳春	4	223.6
					5	160.7
					6	129.3

续表

序号	月份	起止日	省(自治区、直辖市)	站名	日期	降水量(mm)
67				鹤山	4	158.9
					5	224.6
					6	108.4
68				新会	4	129.1
					5	214.2
					6	64.8
69				恩平	4	158.9
					5	58.0
					6	63.6
70		4—6	广东	台山	4	111.7
					5	68.7
					6	62.6
71	10			顺德	4	102.9
					5	53.1
					6	52.7
72				廉江	4	98.2
					5	102.4
					6	63.6
73				化州	4	121.8
					5	16.8
					6	145.3
74				北流	5	181.3
					6	148.9
75		5—6	广西	容县	5	108.6
					6	129.9
76		8—10	云南	金平	8	51.8
					9	113.8
					10	74.4
77	11	16—17	江西	南丰	16	100.9
					17	108.2

2.3　区域性暴雨日索引

表 2.3.1　2015 年全国区域性暴雨日索引

序号	日期（月-日）	区域	暴雨站数	大暴雨站数	特大暴雨站数	≥50 mm/d 站数	暴雨中心		
							降水量（mm）	地点	
								省（自治区、直辖市）	站名
1	01-09	西南南部	29	7		36	137.3	云南	西盟
2	01-12	华南地区	25			25	77.5	广东	云浮
3	01-13	江南东部华南地区	25			25	69.7	福建	屏南
4	02-20	江南北部	27			27	81.4	湖北	石首
5	03-18	江淮地区江南北部	22			22	97.9	安徽	旌德
6	04-02	东北南部黄淮地区江汉地区	19			19	82.2	河南	睢县
7	04-03	江南北部	22			22	95.2	湖南	安化
8	04-04	江汉东部江淮西部江南北部	35	10		45	234.2	湖南	临湘
9	04-05	西南东部江汉东部江淮西部江南北部	36			36	94.0	安徽	怀宁
10	04-06	江南北部	26			26	81.9	浙江	富阳
11	04-07	江南北部	27			27	89.4	湖南	浏阳
12	04-20	江南南部华南北部	35			35	83.7	广东	连州
13	05-01	西南东部西北东部江汉地区江南北部	22			22	90.1	重庆	铜梁
14	05-02	黄淮西部江南地区华南北部	22	1		23	104.6	安徽	黄山
15	05-05	华南地区	12	3		15	133.9	广东	三水
16	05-06	华南地区	16	3		19	225.3	广东	佛冈

续表

序号	日期 （月-日）	区域	暴雨 站数	大 暴雨 站数	特大 暴雨 站数	≥50 mm/d 站数	暴雨中心		
							降水量 （mm）	地点	
								省（自治区、 直辖市）	站名
17	05-08	西南东部 江南地区 华南西部	44	2		46	104.0	贵州	丹寨
18	05-09	华南地区	15	4		19	166.6	广东	龙门
19	05-11	江南地区 华南地区	58	7		65	169.4	江西	都昌
20	05-14	江南北部	25	1		26	108.5	江西	乐平
21	05-15	西南东部 江汉地区 江淮地区 江南地区 华南北部	98	20		118	213.0	广西	雁山
22	05-16	江南地区 华南地区	39	8		47	160.4	广东	韶关
23	05-18	江南地区 华南地区	27	2		29	142.4	广东	阳江
24	05-19	江南地区 华南地区	31	10	2	43	367.9	福建	清流
25	05-20	西南东部 江南南部 华南地区	78	28	3	109	473.1	广东	海丰
26	05-23	华南地区	46	8		54	157.9	广西	田东
27	05-26	江南南部 华南中部	10	5		15	160.4	广东	龙门
28	05-27	西南东部 江南地区	16	3		19	164.6	贵州	雷山
29	05-28	江南地区	13	2		15	193.2	江西	上栗
30	05-29	江淮地区 江南北部	20			20	90.3	湖北	咸宁
31	05-30	江南地区	36	4		40	109.5	江西	宁都
32	05-31	江南东部 华南地区	16	1		17	132.7	广东	连南
33	06-02	江汉东部 江淮地区 江南北部	71	32		103	179.1	湖北	洪湖

序号	日期（月-日）	区域	暴雨站数	大暴雨站数	特大暴雨站数	≥50 mm/d 站数	暴雨中心		
							降水量（mm）	地点	
								省（自治区、直辖市）	站名
34	06-03	西南东部 江南北部	44	16		60	244.3	江西	德兴
35	06-04	西南东部 江南地区	30	4		34	128.8	福建	古田
36	06-05	华南地区	19			19	95.1	广西	都安
37	06-07	江汉东部 江淮西部 西南东部 江南北部	30			30	80.9	江西	浮梁
38	06-08	江淮西部 西南东部 江南地区 华南西部	84	25		109	171.7	江西	婺源
39	06-09	江南地区 华南地区	41	3		44	120.2	江西	上饶县
40	06-10	西南东部 江南地区 华南地区	31	2		33	136.9	广西	桂林农试站
41	06-11	江南地区 华南地区	59	16		75	166.0	湖南	安仁
42	06-13	西南东部 华南西部	26	5		31	167.0	贵州	都匀
43	06-14	江南地区	31	5		36	128.8	江西	宜春
		华南西部	24	7		31	233.2	广西	马山
44	06-16	西南东部 江汉地区 黄淮南部 江淮地区	49	7		56	120.9	安徽	全椒
45	06-17	西南东部 江汉东部 江淮地区 江南北部	70	21		91	187.6	安徽	潜山
46	06-18	西南东部 江南地区	80	20		100	171.6	浙江	常山

续表

序号	日期 （月-日）	区域	暴雨 站数	大 暴雨 站数	特大 暴雨 站数	≥50 mm/d 站数	暴雨中心		
							降水量 （mm）	地点	
								省（自治区、 直辖市）	站名
47	06-19	西南南部 江南南部 华南西部	18	2		20	115.8	广西	澄江
48	06-21	西南东部 华南西部 江南地区 江淮西部	71	13		84	235.0	湖南	辰溪
49	06-22	江南北部	11	4		15	145.7	江西	新建
50	06-23	西南东部	19	1		20	157.9	四川	简阳
51	06-24	西南东部 西北东部 黄淮地区 江淮东部	85	9		94	128.7	四川	平昌
52	06-25	黄淮地区 江淮地区	27	10		37	154.2	安徽	固镇
53	06-27	黄淮地区 江淮地区 江南北部	39	44	1	84	274.6	江苏	金坛
54	06-28	江淮西部 江南北部	25	3		28	164.2	安徽	枞阳
55	06-30	西南东部 江汉地区 江淮地区	47	5		52	189.6	四川	铜梁
56	07-01	西南东部 江南地区	46	2		48	165.1	江西	南昌县
57	07-02	西南东部 江南地区 华南西部	38	14		52	157.4	江西	莲花
58	07-03	西南东部 江南地区 华南西部	36	7		43	188.0	福建	清流
59	07-04	西南南部 江南地区 华南地区	43	8		51	171.8	湖南	临武

续表

序号	日期 （月-日）	区域	暴雨 站数	大 暴雨 站数	特大 暴雨 站数	≥50 mm/d 站数	暴雨中心		
							降水量 （mm）	地点	
								省（自治区、 直辖市）	站名
60	07-05	江南东部 华南地区	26	3		29	139.0	广东	陆川
61	07-09	华南中部	8	9		17	166.3	广东	潮阳
62	07-10	华南中部	15	3		18	131.4	广东	从化
63	07-11	江淮东部 江南东部	33	14	2	49	303.5	浙江	象山
64	07-13	东北东部	14	1		15	107.7	黑龙江	绥芬河
65	07-14	西南东部	21	2		23	130.6	四川	泸县
66	07-15	西南东部 江南西部 江汉地区 黄淮西部	87	3		90	185.1	贵州	松桃
67	07-16	黄淮西部 江淮西部 江汉东部 江南地区 华南地区	28	5		33	194.0	安徽	颍上
68	07-17	江淮地区 江南东部 华南地区	23	2		25	140.0	安徽	定远
69	07-20	江南东部 华南地区	35	22	1	58	382.9	海南	东方
70	07-21	江南东部 华南地区	38	6	1	45	302.5	广东	上川岛
71	07-22	江南东部 华南地区	20	2		22	225.0	福建	莲城
		西南东部 江南西部	38	5		43	132.4	重庆	荣昌
72	07-23	江淮地区 江汉地区 江南地区 西南南部 华南地区	96	18	1	115	339.8	广东	澄海
73	07-24	江淮地区 江南地区 华南地区	44	14		58	181.5	安徽	石台

续表

序号	日期 (月-日)	区域	暴雨 站数	大 暴雨 站数	特大 暴雨 站数	≥50 mm/d 站数	暴雨中心		
							降水量 (mm)	地点	
								省(自治区、 直辖市)	站名
74	07-25	江南地区 华南地区	25	3		28	136.4	广西	涠洲岛
75	07-26	华南地区	14	4		18	199.7	广西	北海
76	07-27	华南地区	13	3	1	17	267.2	广西	东兴
77	07-28	华南地区	13	3	1	17	318.8	广西	东兴
78	07-30	华北东部 东北南部 黄淮北部	41	2		43	111.5	山东	河口
79	07-31	华北东部 黄淮东部	33	6		39	149.0	山东	平阴
80	08-01	西南南部	20			20	88.5	云南	大华山
81	08-03	华北地区 黄淮北部 东北东部	45	24		69	206.2	山东	惠民县
82	08-04	华北南部 黄淮北部 东北东部	21	2		23	123.4	吉林	天池
83	08-05	黄淮地区 江汉地区	16			16	89.6	河南	舞钢工区
84	08-06	东北南部 黄淮东部 江淮地区	18			18	95.6	山东	烟台
85	08-07	东北地区 黄淮东部	20	4		24	207.6	山东	五连
86	08-08	西南东部	22			22	83.2	贵州	金沙
		江南东部	11	15	2	28	318.5	福建	福州郊区
87	08-09	西南东部 西南南部	15	1		16	111.2	云南	寻甸
		江南地区	51	19	3	73	307.3	福建	周宁
88	08-10	江淮地区 江南地区 华南地区	66	28		94	232.1	江苏	东台
89	08-11	江淮东部 江南地区 华南地区	18	3		21	198.9	江苏	大丰

续表

序号	日期 （月-日）	区域	暴雨 站数	大 暴雨 站数	特大 暴雨 站数	≥50 mm/d 站数	暴雨中心		
							降水量 （mm）	地点	
								省（自治区、 直辖市）	站名
90	08-12	西南东部 西南南部	19	2		21	154.4	贵州	长顺
91	08-13	江南地区 华南地区	34	5		39	165.1	福建	福鼎
92	08-14	江南地区 华南地区	26	3		29	132.1	浙江	温州
93	08-15	西南东部 江汉地区 江淮西部 江南地区 华南地区	46	2		48	107.5	浙江	新昌
94	08-16	江南地区 华南西部	22	1		23	111.7	广东	大埔
95	08-17	西南东部	43	17		60	192.7	四川	南充
96	08-18	西南东部 江汉西部	33	4		37	152.1	贵州	金沙
97	08-19	西南东部 西南南部 江淮西部 江南北部 华南西部	41	6		47	168.0	广西	凌云
98	08-20	江淮东部 江南东部 华南地区	20	1		21	149.9	江苏	盐城郊区
99	08-24	江淮东部 江南东部	17	12		29	245.3	江苏	如东
100	08-28	西南东部 江南南部 华南西部	52	11		63	247.8	贵州	长顺
101	08-29	华南地区	19	3		22	165.0	广西	靖西
102	08-30	华南地区	22	5		27	154.6	广西	涠洲岛
103	09-01	江南南部 华南地区	32			32	87.3	广东	平远
104	09-02	江南南部 华南地区	16	3		19	108.4	广东	连山

续表

序号	日期（月-日）	区域	暴雨站数	大暴雨站数	特大暴雨站数	≥50 mm/d 站数	暴雨中心		
							降水量（mm）	地点	
								省（自治区、直辖市）	站名
105	09-05	西南东部 江汉东部 江淮地区 江南北部	37	4		41	135.8	湖北	黄陂
106	09-06	西南东部 江南地区	43	2		45	122.2	贵州	兴仁
107	09-07	华南地区	29	1		30	120.5	广西	富川
108	09-09	西南东部	18	3		21	136.8	四川	梓潼
109	09-10	西北东部 西南东部	12	3		15	141.9	四川	旺苍
110	09-11	西南东部	27	3		30	122.0	四川	内江县
111	09-12	西南东部 华南西部	19	4		23	118.9	云南	华坪
112	09-20	江南南部 华南北部	30	2		32	102.7	贵州	罗甸
113	09-21	华南南部	16	2		18	149.5	广东	深圳
114	09-29	江南东部 华南东部	43	25		68	199.9	福建	福清
115	09-30	江南东部	31	2	1	34	276.2	浙江	镇海
116	10-01	西南东部	15			15	72.2	贵州	乌当
117	10-04	华南南部	27	19		46	223.6	广东	阳春
118	10-05	华南地区 江南西部	47	26	2	75	335.5	广西	金秀
119	10-06	华南地区 江南西部 江汉东部	29	8		37	148.9	广西	北流
120	10-07	华南中部 江南地区	27	1		28	127.4	浙江	常山
121	10-09	西南南部	43	5		48	113.8	云南	金平
122	10-30	华南西部 江南南部	15	1		16	153.5	广西	荔浦
123	10-31	华南西部 江南南部	20			20	94.5	广西	富川
124	11-06	黄淮地区	15			15	75.6	江苏	涟水

续表

序号	日期（月-日）	区域	暴雨站数	大暴雨站数	特大暴雨站数	≥50 mm/d站数	暴雨中心		
							降水量（mm）	地点	
								省（自治区、直辖市）	站名
125	11-07	江汉东部江淮地区	16			16	84.9	湖北	应城
126	11-08	华南西部江南地区	36	4		40	148.9	广西	灵川
127	11-11	华南西部江南地区	23			23	75.3	广西	永福
128	11-12	华南西部江南南部西南南部	63	15		78	142.3	广西	富川
129	11-13	华南地区江南南部	32	2		34	106.3	广东	遂溪
130	11-16	华南西部江南地区	27	4		31	127.0	湖南	桂东
131	11-17	江南地区	31	1		32	108.2	江西	南丰
132	11-20	华南西部江南西部	24	3		27	137.8	广西	融安
133	12-05	华南西部江南地区	38			38	67.0	江西	吉安县
134	12-09	华南地区江南南部	99	5		104	113.2	福建	厦门

2.4　主要暴雨过程索引

表 2.4.1　2015 年全国主要暴雨过程索引

序号	月份	暴雨过程		过程累积最大降水量			备注
		起止日	区域	降水量（mm）	地点		
					省（自治区、直辖市）	站名	
1	1	9	西南南部	137	云南	西盟	
2	4	1—7	西北东部西南东部黄淮地区江淮地区江汉地区江南地区	329	湖南	临湘	

续表

序号	月份	暴雨过程		过程累积最大降水量			备注
		起止日	区域	降水量（mm）	地点		
					省（自治区、直辖市）	站名	
3	5	4—7	江南南部 华南地区	325	广东	佛冈	
4		8—9	西南东部 江南地区 华南地区	177	广东	龙门	
5		11—12	江南地区 华南地区	169	江西	都昌	
6		14—17	西南东部 江汉地区 江淮地区 江南地区 华南地区	267	广东	阳江	重大暴雨事件1
7		18—21	西南东部 西南南部 江南地区 华南地区	646	广东	海丰	重大暴雨事件2
8		21—27	西南东部 西南南部 江南地区 华南地区	416	广东	龙门	
9		27—28	江南地区	227	江西	上栗	
10		5月29日— 6月1日	西南东部 江汉地区 江南地区 华南地区	209	广东	海丰	
11	6	1—5	西南东部 江汉地区 江淮地区 江南地区 华南地区	261	江西	德兴	
12		7—11	西南东部 江汉东部 江淮西部 江南地区 华南地区	348	广西	桂林农试站	

续表

序号	月份	暴雨过程		过程累积最大降水量			备注
		起止日	区域	降水量（mm）	地点		
					省（自治区、直辖市）	站名	
13	6	13—15	西南东部 江南地区 华南地区	283	广西	巴马	
14		16—19	西南东部 江汉地区 江淮地区 江南地区	240	江苏	无锡	
15		21—22	西南东部 江南北部	235	湖南	辰溪	
16		23—26	西南东部 西北东部 华北南部 黄淮地区 江淮地区	236	江苏	泗洪	
17		6月27日— 7月6日	西南南部 西南东部 西北东部 黄淮地区 江淮地区 江汉地区 江南地区 华南地区	455	江苏	江阴	重大暴雨事件3
18	7	9—10	华南中部	166	广东	潮阳	1510 号强台风"莲花"(Linfa)
19		11—13	江淮东部 江南东部	307	浙江	定海	1509 号超强台风"灿鸿"(Chan-hom) 重大暴雨事件4
20		13—19	西南南部 西南东部 江汉地区 黄淮地区 江淮地区 江南地区	211	安徽	定远	
21		19—22	江南南部 华南地区	393	海南	东方	

续表

序号	月份	暴雨过程		过程累积最大降水量			备注
		起止日	区域	降水量（mm）	地点		
					省（自治区、直辖市）	站名	
22	7	22—29	西南南部 西南东部 江汉地区 江淮地区 江南地区 华南地区	910	广西	东兴	重大暴雨事件5
23		7月30日—8月1日	东北南部 华北东部 黄淮东部 江淮东部	180	江苏	涟水	
24		2—4	华北地区 黄淮北部 东北东部	322	山东	惠民	
25		5—8	东北南部 黄淮地区 江淮地区	252	山东	五连	
26	8	8—11	江淮地区 江南地区 华南东部	502	福建	罗源	1513号超强台风"苏迪罗"(Soudelor) 重大暴雨事件6
27		12—16	西南东部 江南地区 华南地区	318	福建	福鼎	
28		17—20	西南东部 江汉地区 江淮地区 江南地区 华南地区	246	四川	高坪	重大暴雨事件7
29		22—24	江淮东部 江南东部	315	上海	小洋山	1515号超强台风"天鹅"(Goni)
30		8月28日—9月3日	西南东部 西南南部 江南南部 华南地区	354	广西	涠洲岛	

续表

续表

序号	月份	暴雨过程		过程累积最大降水量	地点		备注
		起止日	区域	降水量（mm）	省（自治区、直辖市）	站名	
31	9	5—8	西南东部 西南南部 江汉地区 江南地区 华南地区	200	广西	北海	
32		8—12	西北东部 西南东部 西南南部 华南西部	208	四川	旺苍	
33		18—21	西南东部 江汉西部 江南地区 华南地区	164	贵州	普安	
34		29—30	江南东部 华南东部	329	浙江	镇海	1521 号超强台风"杜鹃"（Dujuan）重大暴雨事件 8
35	10	4—7	江汉东部 江南地区 华南地区	522	广东	阳春	1522 号超强台风"彩虹"（Mujigae）重大暴雨事件 9
36		9—10	西南东部 西南南部	188	云南	金平	
37	11	6—8	黄淮地区 江淮地区 江汉东部 江南地区 华南地区	159	广西	灵州	重大暴雨事件 10
38		11—13	江南地区 华南地区	246	广西	富川	
39		16—17	江南地区	209	江西	南丰	
40		20—21	江南西部 华南西部	138	广西	融安	
41	12	9	江南南部 华南地区	113	福建	厦门	

第3章　主要暴雨过程

本章对 2015 年 41 次主要暴雨过程的基本天气形势和降水演变特征进行简要叙述,并给出过程每天的降水量分布及过程总降水量分布。

3.1　1月主要暴雨过程(No. 1)

第 1 次主要暴雨过程(No. 1):1 月 9 日

1 月 9 日,500 hPa 印缅地区有南支短波槽发展东移,云南省受槽前西南暖湿气流控制,700 hPa 云南上空有切变生成,受其影响,云南大部分地区出现强降水,暴雨主要出现在云南中西部,滇西南部分地区出现大暴雨(图 3.1.1)。

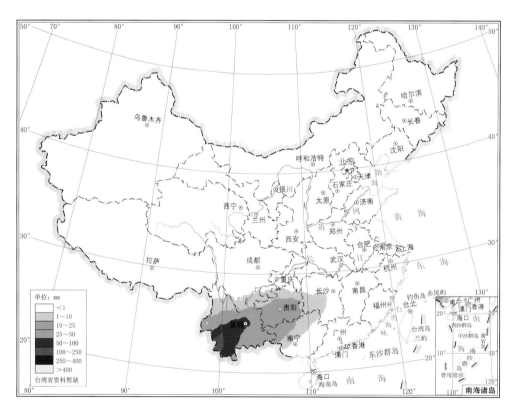

图 3.1.1　2015 年 1 月 9 日全国降水量分布图(单位:mm)

3.2 4月主要暴雨过程(No.2)

第 2 次主要暴雨过程(No.2):4 月 1—7 日

4 月 1 日,500 hPa 青藏高原东侧有西风槽发展东移,700 hPa 高原东侧有切变线发展,850 hPa 四川盆地有西南低涡生成,低涡东侧有暖切变向东北方向伸展至山东,受其影响,西北地区东部、华北地区、黄淮地区出现降水,陕西南部、河南中西部部分地区出现暴雨(图 3.2.1);2 日,500 hPa 西风槽快速东移,发展加深,700 hPa 切变线也随之东移发展,850 hPa 西南低涡东移减弱,暖切变线上华北南部有低涡生成并快速向东北方向移动,受其影响,东北、华北、黄淮及长江中下游地区出现大范围降水,雨区中暴雨分布较为零散(图 3.2.2);3 日,500 hPa 西风槽东移入海,华北及黄淮地区有阻塞高压形成,中低层华北及黄淮地区的大陆高压底部与西南暖湿气流在江淮流域形成切变,受其影响,东北地区降水减弱,暴雨主要出现在江南北部部分地区(图 3.2.3);4 日,500 hPa 西北地区又有西风槽发展东移到华北至华中地区,700 hPa 该地区有切变线发展,江南低空急流加强,850 hPa 江淮地区有气旋及暖切变发展,受其影响,长江中游地区出现强降水,暴雨集中出现在湘鄂赣皖交界地区,湘东部、鄂西南、赣西北局部地区出现大暴雨(图 3.2.4);5 日,500 hPa 河套地区又有西风槽发展东移至华北地区,中、低层四川盆地有西南低涡生成,江淮地区有切变发展,受其影响,四川盆地至长江中下游地区出现东西向雨带,暴雨主要出现在湖北东部及安徽中部,四川盆地局部也出现暴雨(图 3.2.5);6—7 日,500 hPa 西风槽缓慢东移,中、低层江淮切变线缓慢东移南压,受其影响,雨带整体东移,暴雨主要出现在江南北部(图 3.2.6—图 3.2.7)。图 3.2.8 为此次暴雨过程总降水量分布。

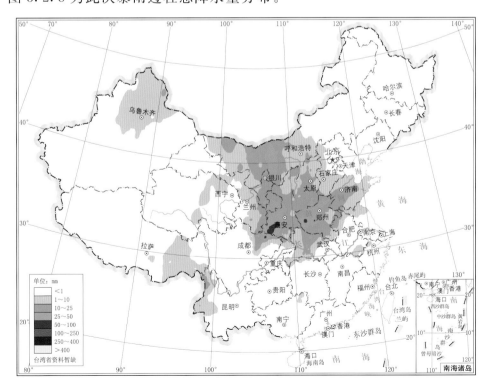

图 3.2.1 2015 年 4 月 1 日全国降水量分布图(单位:mm)

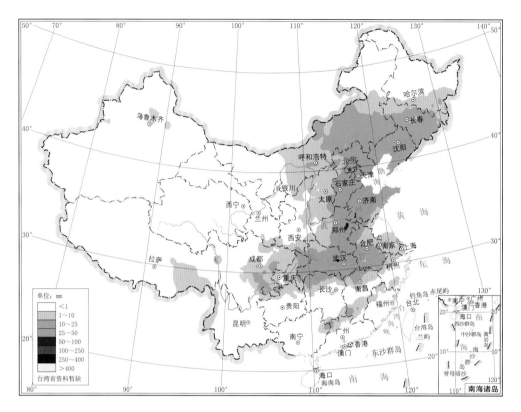

图 3.2.2　2015 年 4 月 2 日全国降水量分布图(单位:mm)

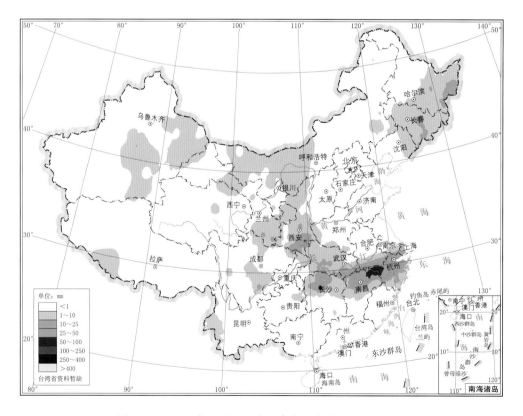

图 3.2.3　2015 年 4 月 3 日全国降水量分布图(单位:mm)

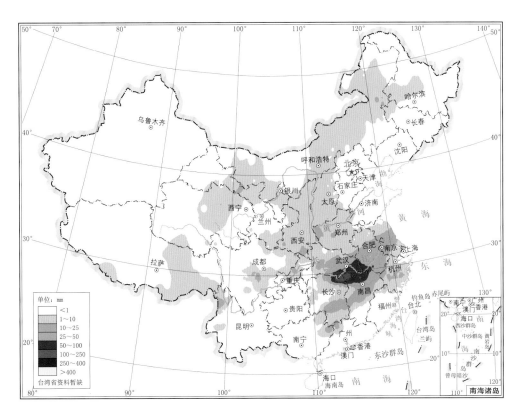

图 3.2.4　2015 年 4 月 4 日全国降水量分布图(单位:mm)

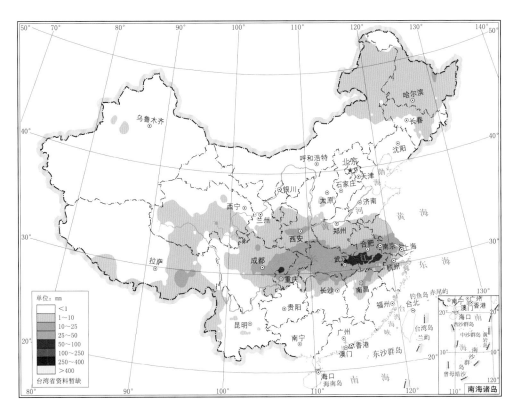

图 3.2.5　2015 年 4 月 5 日全国降水量分布图(单位:mm)

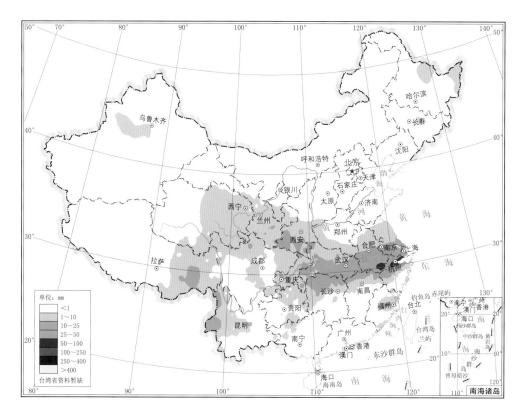

图 3.2.6　2015 年 4 月 6 日全国降水量分布图(单位:mm)

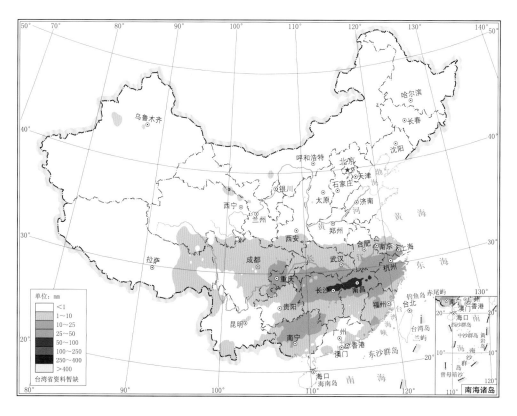

图 3.2.7　2015 年 4 月 7 日全国降水量分布图(单位:mm)

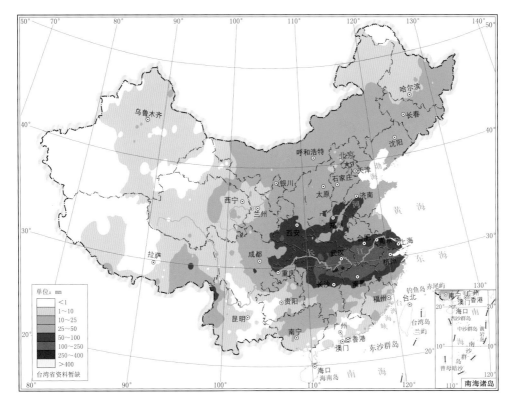

图 3.2.8 2015 年 4 月 1—7 日全国总降水量分布图(单位:mm)

3.3 5 月主要暴雨过程(No. 3—No. 10)

第 3 次主要暴雨过程(No. 3):5 月 4—7 日

5 月 4 日,500 hPa 云贵高原上空有南支短波槽发展东移,700 hPa 四川盆地有西南低涡发展,850 hPa 云贵高原东侧有低涡生成,低涡东侧有暖切变伸展至江南地区,受其影响,江南大部分地区、华南北部出现降水,其中华南北部局地出现暴雨(图 3.3.1);5 日,500 hPa 短波槽东移发展,850 hPa 云贵高原东侧的低涡沿暖切变快速东移至江南地区,受其影响,雨区整体东移南压,暴雨主要出现在广东中南部,局部出现大暴雨(图 3.3.2);6—7 日,500 hPa 云贵高原上空不断有短波槽发展东移,850 hPa 江南地区有切变维持,受其影响,雨区维持在江南南部至华南地区,暴雨主要出现在广东,局部出现大暴雨(图 3.3.3—图 3.3.4)。图 3.3.5 为此次暴雨过程总降水量分布。

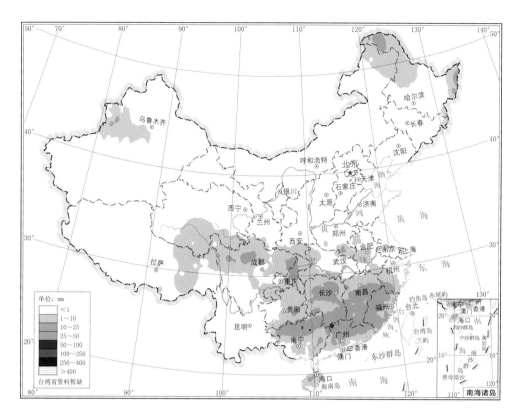

图 3.3.1　2015 年 5 月 4 日全国降水量分布图(单位:mm)

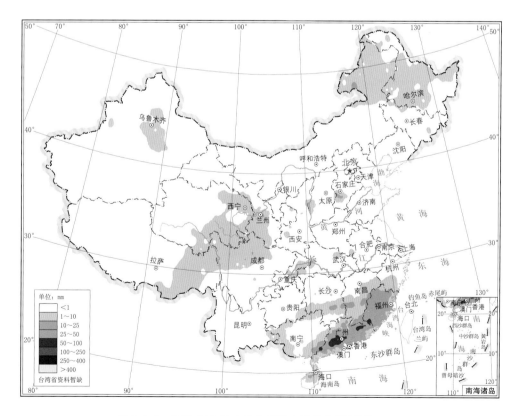

图 3.3.2　2015 年 5 月 5 日全国降水量分布图(单位:mm)

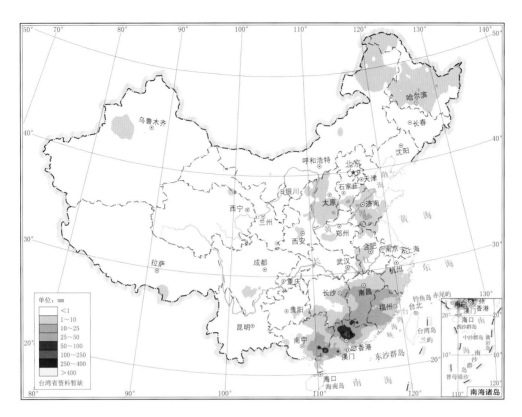

图 3.3.3　2015 年 5 月 6 日全国降水量分布图(单位:mm)

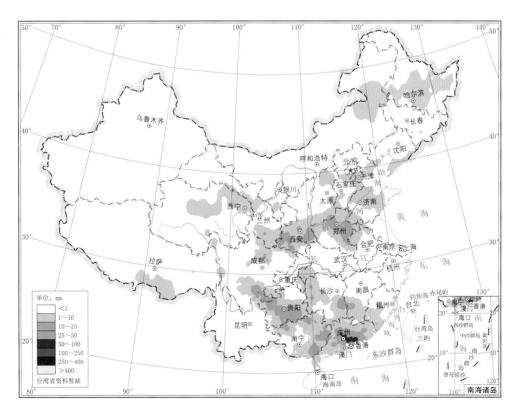

图 3.3.4　2015 年 5 月 7 日全国降水量分布图(单位:mm)

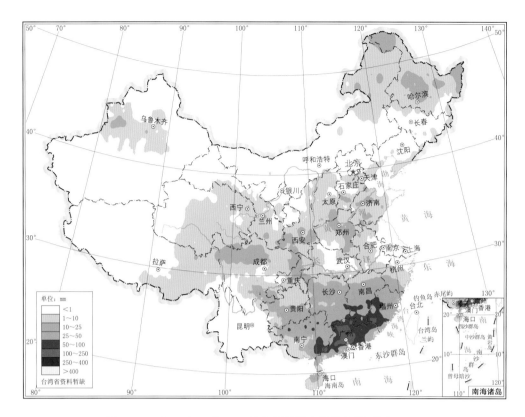

图 3.3.5　2015 年 5 月 4—7 日全国总降水量分布图(单位:mm)

第 4 次主要暴雨过程(No. 4):5 月 8—9 日

5 月 8 日,500 hPa 河套至高原东侧有西风槽快速东移至华北、华中及华南西部地区,700 hPa 华北至华南西部地区有切变形成,850 hPa 云贵高原上空有低涡沿切变东移至江淮地区,受其影响,西南地区东部、江南地区、华南北部出现大范围降水,暴雨出现范围广但较为零散(图 3.3.6);9 日,500 hPa 西风槽和低层切变快速东移南压,受其影响,雨带快速东移南压至江南东部和华南南部,暴雨分布较为零散,其中广东局部出现大暴雨(图 3.3.7)。图 3.3.8 为此次暴雨过程总降水量分布。

第 5 次主要暴雨过程(No. 5):5 月 11—12 日

5 月 11 日,500 hPa 蒙古低涡发展东移,其南侧西风大槽快速东移影响我国中东部大部分地区,700 hPa 华北至华南西部地区的切变线也快速东移,850 hPa 切变线上有江淮气旋生成,受其影响,我国出现大范围降水,江南、华南多地出现暴雨,部分地区出现大暴雨(图 3.3.9);12 日,500 hPa 蒙古低涡东移至我国东北地区,中低层东北地区有低涡切变发展,受其影响,东北地区大部出现降水,部分地区出现暴雨(图 3.3.10)。图 3.3.11 为此次暴雨过程总降水量分布。

第 6 次主要暴雨过程(No. 6):5 月 14—17 日

5 月 14 日,500 hPa 四川盆地有南支短波槽东移至长江中游地区,中低层江淮地区有切变线发展,受其影响,江南北部出现降水,暴雨主要出现在江西北部至浙江西部(图 3.3.12);15 日,500 hPa 高原东侧又有短波槽东移发展,中低层四川盆地有西南低涡沿切变东移至江淮地区,江南、华南低空急流明显发展,受其影响,长江流域、江南、华南北部出现大范围强暴雨,多地出现大暴雨(图 3.3.13);16—17 日,500 hPa 云贵高原上空有短波槽继续东移,中低层切变线东移南压,低空急流有所减弱,受其影响,雨带整体东移南压,暴雨带主要出现在华南南部至江南东部,广东沿海局部出现大暴雨(图 3.3.14—图 3.3.15)。图 3.3.16 为此次暴雨过程总降水量分布。

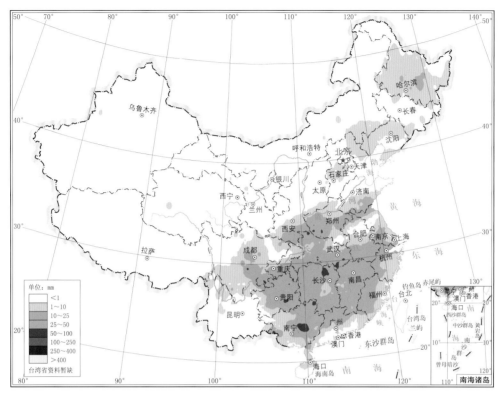

图 3.3.6　2015 年 5 月 8 日全国降水量分布图(单位:mm)

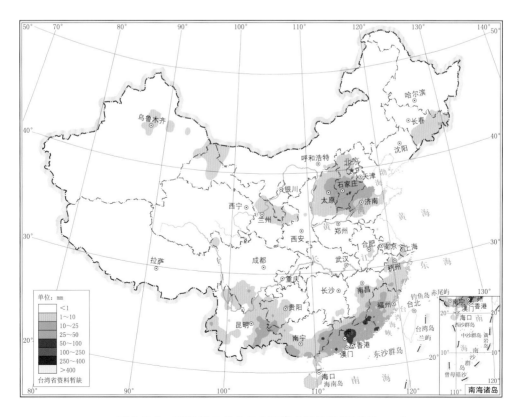

图 3.3.7　2015 年 5 月 9 日全国降水量分布图(单位:mm)

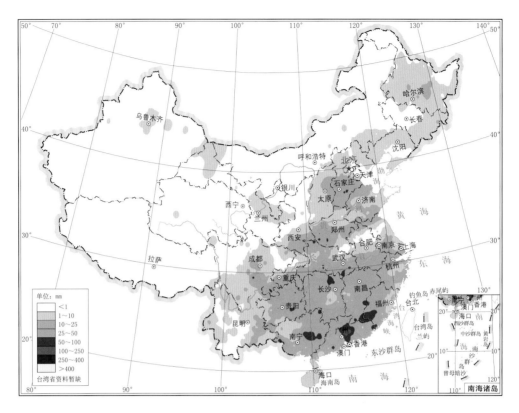

图 3.3.8　2015 年 5 月 8—9 日全国总降水量分布图(单位:mm)

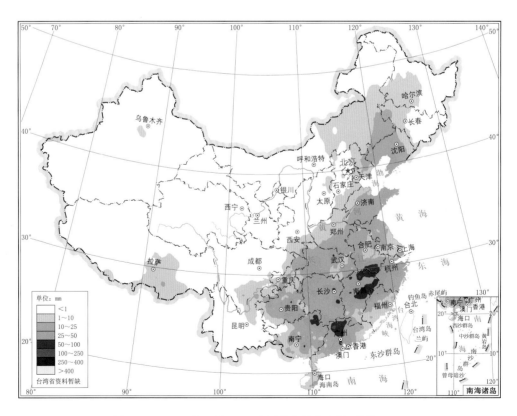

图 3.3.9　2015 年 5 月 11 日全国降水量分布图(单位:mm)

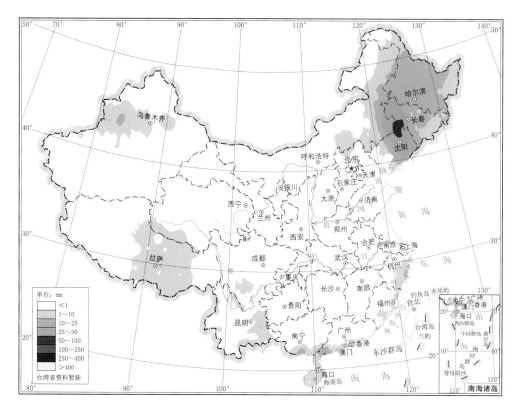

图 3.3.10　2015 年 5 月 12 日全国降水量分布图(单位:mm)

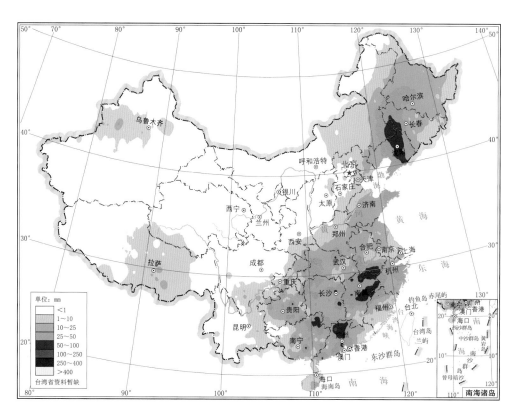

图 3.3.11　2015 年 5 月 11—12 日全国总降水量分布图(单位:mm)

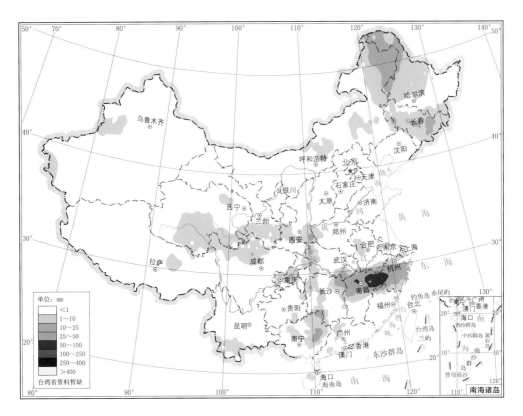

图 3.3.12　2015 年 5 月 14 日全国降水量分布图(单位:mm)

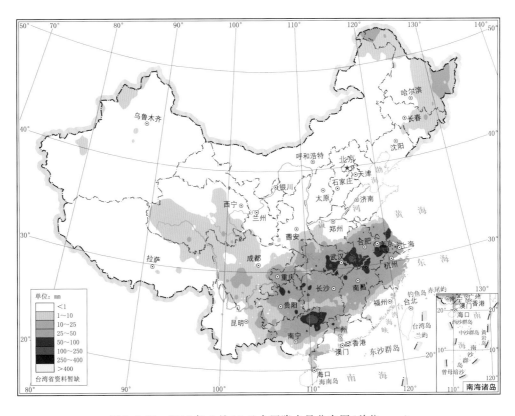

图 3.3.13　2015 年 5 月 15 日全国降水量分布图(单位:mm)

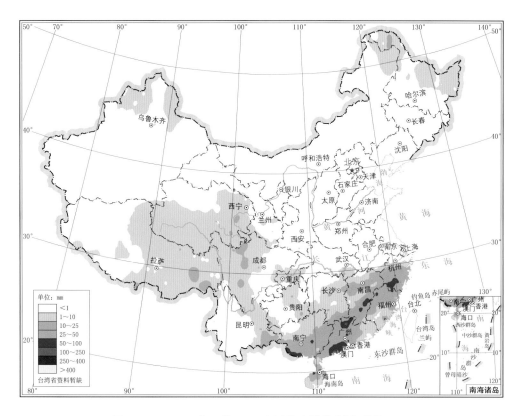

图 3.3.14　2015 年 5 月 16 日全国降水量分布图(单位:mm)

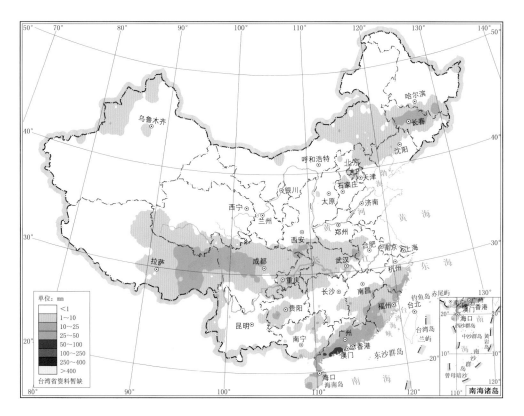

图 3.3.15　2015 年 5 月 17 日全国降水量分布图(单位:mm)

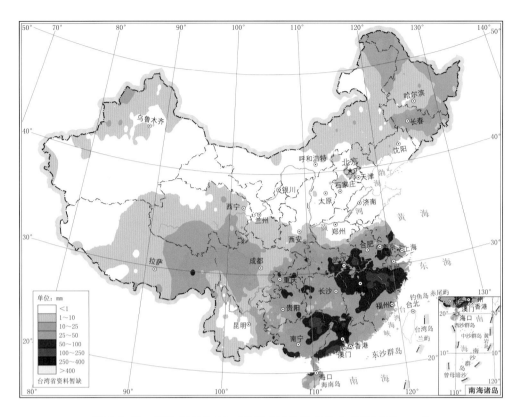

图 3.3.16　2015 年 5 月 14—17 日全国总降水量分布图(单位:mm)

第 7 次主要暴雨过程(No. 7):5 月 18—21 日

5 月 18 日,500 hPa 青藏高原东侧有南支短波槽东移至江南、华南地区,中低层江淮地区至贵州有切变线发展,受其影响,江南大部分地区至华南北部出现大范围降水,暴雨分布较为零散(图 3.3.17);19 日,500 hPa 短波槽东移南压,中低层切变线随之东移南压,850 hPa 湖南上空有低涡发展并沿切变线东移,受其影响,雨带东移南压,暴雨主要出现在江西南部和福建中部,部分地区出现大暴雨,其中福建宁化、清流分别出现了 286.0 mm 和 367.9 mm 的特大暴雨(图 3.3.18);20 日,500 hPa 云贵高原上空有短波槽东移至华南地区,中低层槽前有低涡生成并沿切变线东移南压,受其影响,贵州南部、江南南部、华南地区出现大范围降水,暴雨带从贵州南部一直伸展到广东东部沿海,多站出现大暴雨,其中广东海丰、陆丰和广西永福分别出现了 473.1 mm、402.5 mm 和 269.6 mm 的特大暴雨(图 3.3.19);21 日,500 hPa 华南上空短波槽快速东移,中低层低涡切变也快速东移南压,受其影响,雨带东移减弱,江西南部局部出现暴雨(图 3.3.20)。图 3.3.21 为此次暴雨过程总降水量分布。

第 8 次主要暴雨过程(No. 8):5 月 21—27 日

5 月 21 日,500 hPa 青藏高原南侧有南支短波槽东移,中低层槽前云南上空有切变线发展,受其影响,云南、贵州、广西三省(自治区)交界地区出现降水,暴雨分布较为零散(图 3.3.20);22 日,500 hPa 南支短波槽东移至云贵高原上空,850 hPa 广西上空有暖切变发展,受其影响,雨区东移范围扩大,暴雨出现在广西中部一线,局部出现大暴雨(图 3.3.22);23 日,500 hPa 南支短波槽继续东移至华南地区,700 hPa 有切变发展,850 hPa 暖切变进一步向东发展,华南上空低空急流加强,受其影响,雨区整体向东移动,华南出现大范围暴雨,多站出现大暴雨(图 3.3.23);24—27 日,500 hPa 云贵高原上空不断有短波槽东移至华南

地区,中低层华南地区一直有切变线活动,受其影响,连续 4 d 雨区都维持在华南中东部及
江南南部部分地区,暴雨范围不大,局地有大暴雨(图 3.3.24—图 3.3.27)。图 3.3.28 为此
次暴雨过程总降水量分布。

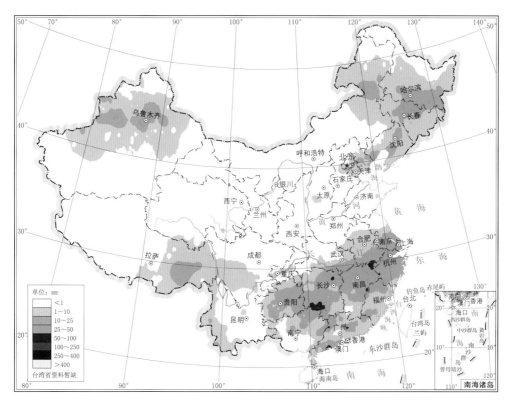

图 3.3.17　2015 年 5 月 18 日全国降水量分布图(单位:mm)

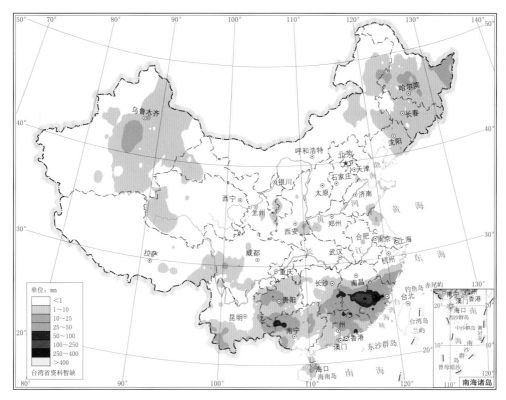

图 3.3.18　2015 年 5 月 19 日全国降水量分布图(单位:mm)

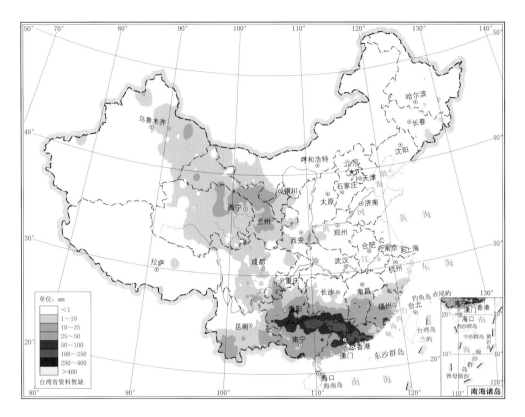

图 3.3.19　2015 年 5 月 20 日全国降水量分布图(单位:mm)

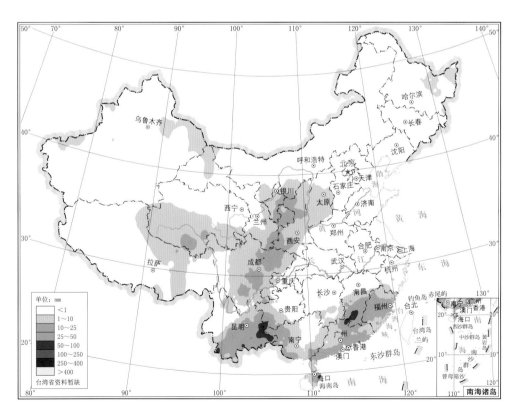

图 3.3.20　2015 年 5 月 21 日全国降水量分布图(单位:mm)

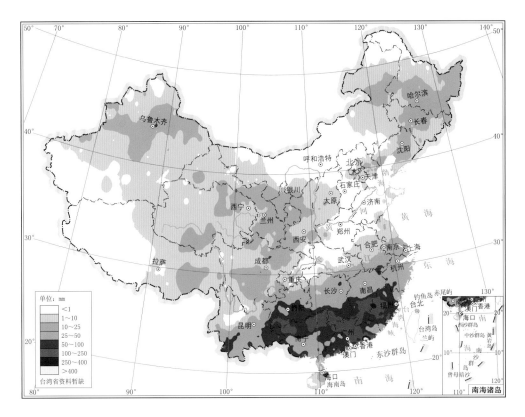

图 3.3.21　2015 年 5 月 18—21 全国总降水量分布图(单位:mm)

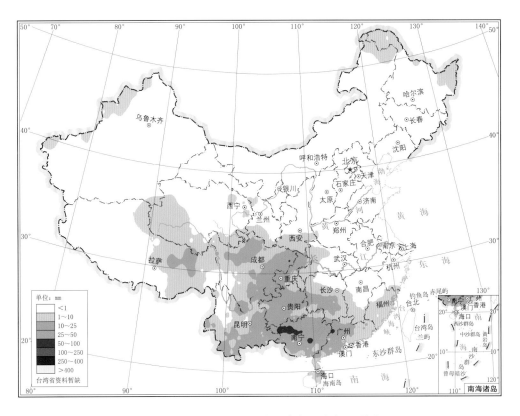

图 3.3.22　2015 年 5 月 22 日全国降水量分布图(单位:mm)

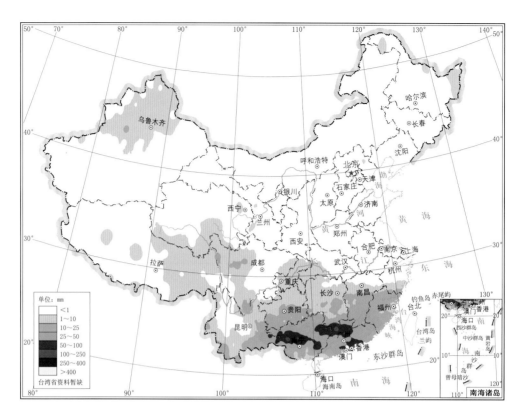

图 3.3.23 2015 年 5 月 23 日全国降水量分布图(单位:mm)

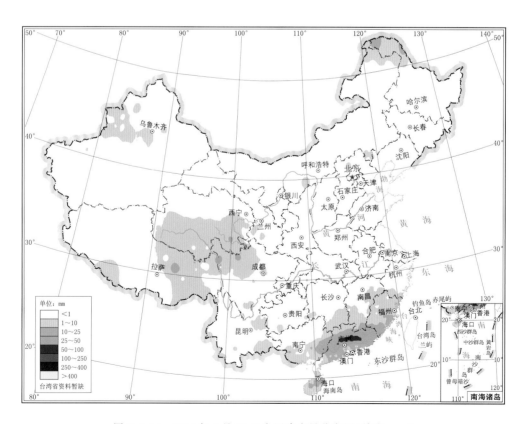

图 3.3.24 2015 年 5 月 24 日全国降水量分布图(单位:mm)

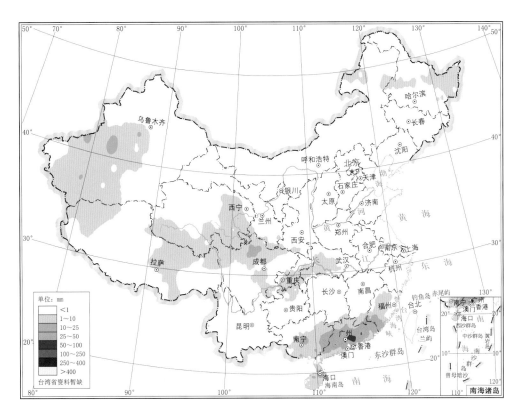

图 3.3.25　2015 年 5 月 25 日全国降水量分布图(单位:mm)

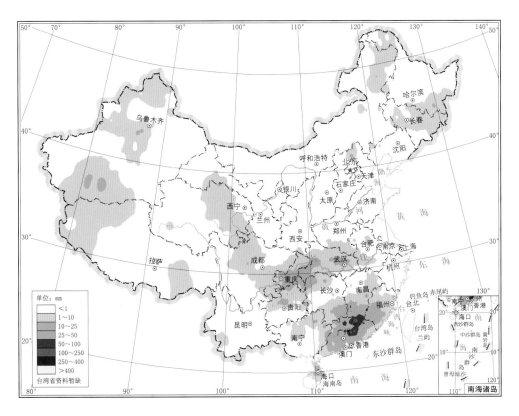

图 3.3.26　2015 年 5 月 26 日全国降水量分布图(单位:mm)

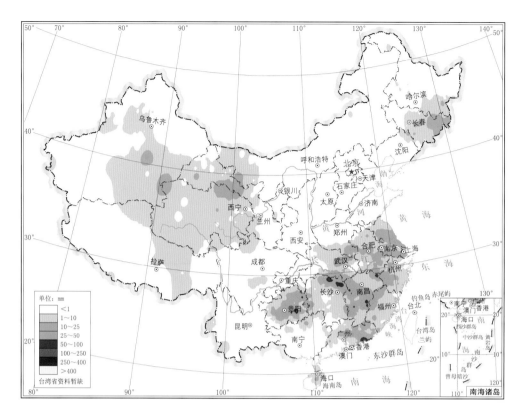

图 3.3.27　2015 年 5 月 27 日全国降水量分布图(单位:mm)

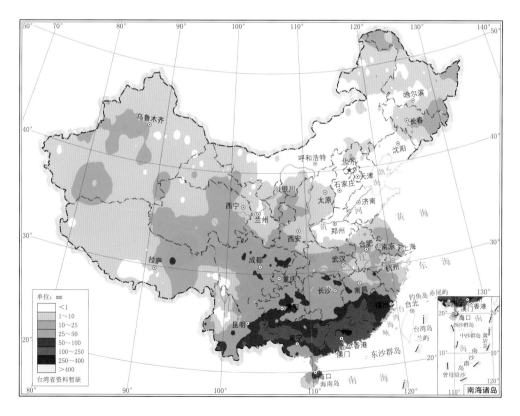

图 3.3.28　2015 年 5 月 21—27 日全国总降水量分布图(单位:mm)

第 9 次主要暴雨过程(No. 9):5 月 27—28 日

5 月 27 日,500 hPa 河套地区有西风槽东移南压,中低层黄淮西部有气旋切变发展并东移南压至江淮地区,受其影响,江淮地区、江南大部分地区及贵州出现大范围降水,暴雨分布较为零散,局地出现大暴雨(图 3.3.27);28 日,500 hPa 西风槽东移南压,中低层切变线也进一步东移南压,受其影响,雨区主要出现在江南中东部地区,暴雨主要出现在江西中西部,局部出现大暴雨(图 3.3.29)。图 3.3.30 为此次暴雨过程总降水量分布。

第 10 次主要暴雨过程(No. 10):5 月 29 日—6 月 1 日

5 月 29 日,500 hPa 青藏高原东侧有西风槽东移,中低层黄淮、江淮地区有切变东移南压,受其影响,我国中部地区出现较大范围降水,暴雨分布较为零散(图 3.3.31);30 日,500 hPa 西风槽东移南压,中低层切变线也随之东移南压,850 hPa 切变线上有江淮气旋生成,受其影响,雨区整体东移南压,江南、华南大部分地区出现降水,暴雨主要出现在江西、福建交界的区域,局部出现大暴雨(图 3.3.32);5 月 31 日—6 月 1 日,500 hPa 西风槽继续东移南压,中、低层切变线也进一步东移南压,受其影响,雨区进一步东移南压,降水主要出现华南及江南东部,雨区中暴雨分布较为零散(图 3.3.33—图 3.3.34)。图 3.3.35 为此次暴雨过程总降水量分布。

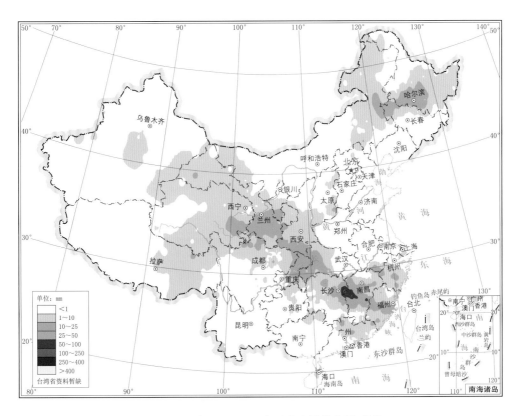

图 3.3.29　2015 年 5 月 28 日全国降水量分布图(单位:mm)

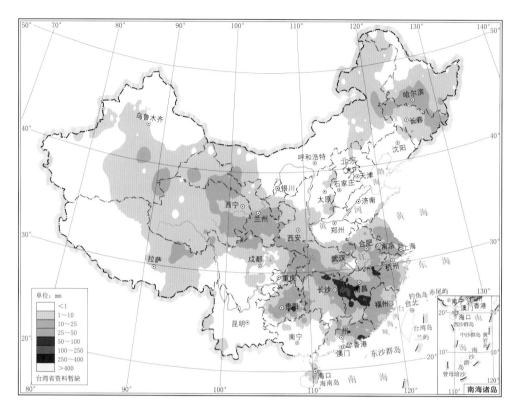

图 3.3.30　2015 年 5 月 27—28 日全国总降水量分布图(单位:mm)

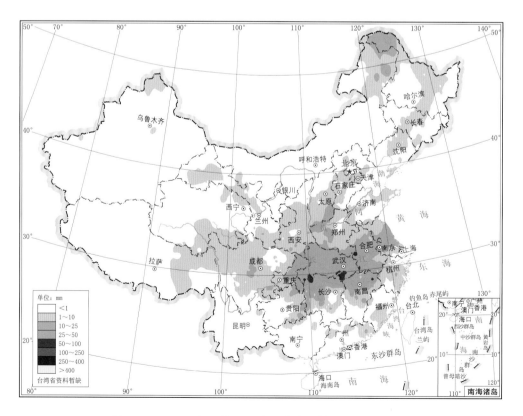

图 3.3.31　2015 年 5 月 29 日全国降水量分布图(单位:mm)

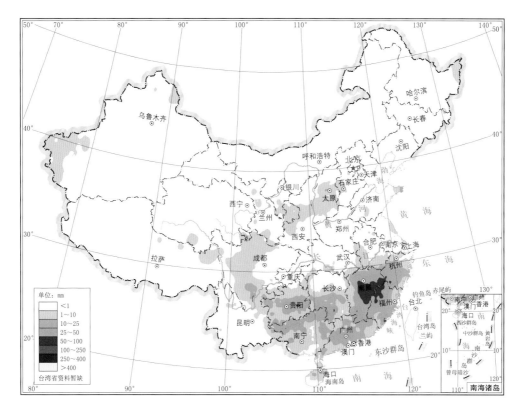

图 3.3.32　2015 年 5 月 30 日全国降水量分布图(单位:mm)

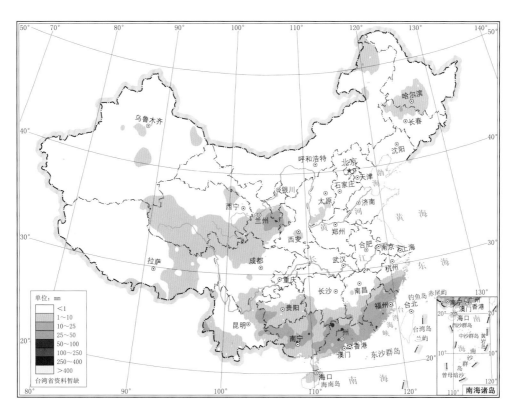

图 3.3.33　2015 年 5 月 31 日全国降水量分布图(单位:mm)

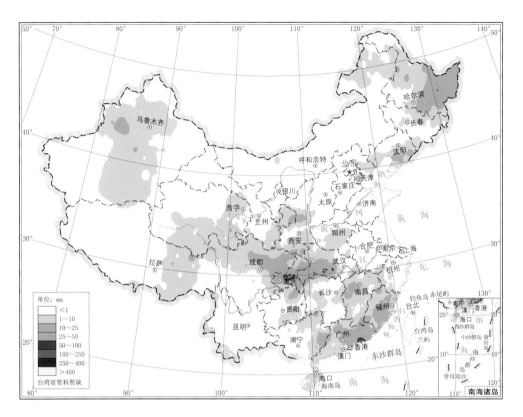

图 3.3.34　2015 年 6 月 1 日全国降水量分布图(单位:mm)

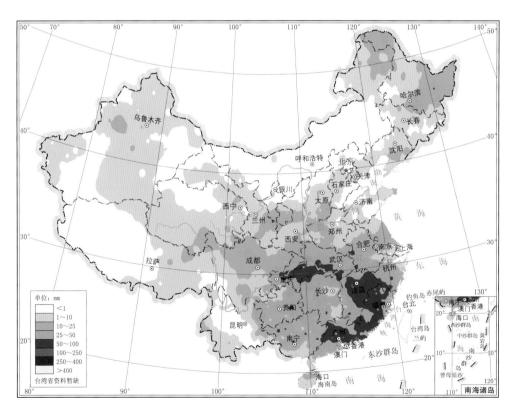

图 3.3.35　2015 年 5 月 29 日—6 月 1 日全国总降水量分布图(单位:mm)

3.4　6月主要暴雨过程(No. 11—No. 17)

第 11 次主要暴雨过程(No. 11):6 月 1—5 日

6月1日,500 hPa青藏高原东侧有西风短波槽发展,中、低层四川盆地有西南低涡生成,受其影响,长江中上游地区出现降水,重庆中部至湖北西部部分地区出现暴雨(图3.4.1);2 日,500 hPa西风短波槽东移发展,中低层西南低涡东移,长江流域有明显的切变线发展,切变线南侧低空急流明显加强,受其影响,雨区东移发展,从湘西北—湖北东部—安徽中部—江苏南部出现了一条东北—西南走向的密集暴雨带,并有多站出现大暴雨(图3.4.2);3 日,500 hPa高原东侧又有西风短波槽发展,中低层四川盆地有西南低涡形成,低涡东侧切变线一直向东伸展至长江下游并缓慢南压,受其影响,雨区整体南压,暴雨主要出现在贵州中部至江西北部,多站出现大暴雨(图3.4.3);4—5 日,500 hPa西风短波槽东移南压,中低层切变线也随之东移南压,受其影响,雨带不断南压至江南南部和华南地区,暴雨范围逐步减小、强度逐步减弱(图3.4.4—图3.4.5)。图3.4.6为此次暴雨过程总降水量分布。

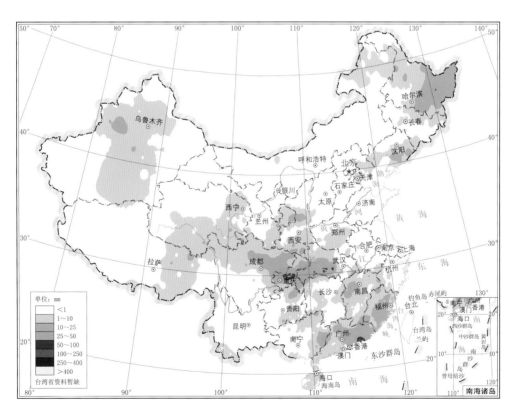

图 3.4.1　2015 年 6 月 1 日全国降水量分布图(单位:mm)

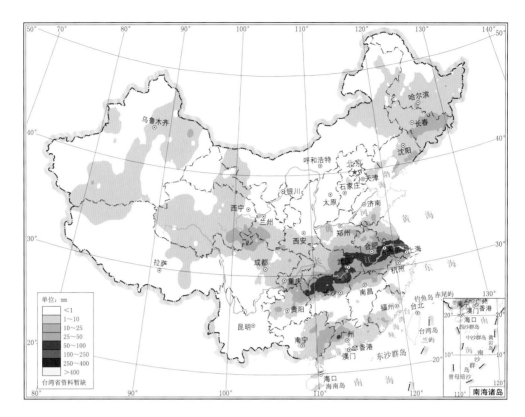

图 3.4.2　2015 年 6 月 2 日全国降水量分布图(单位:mm)

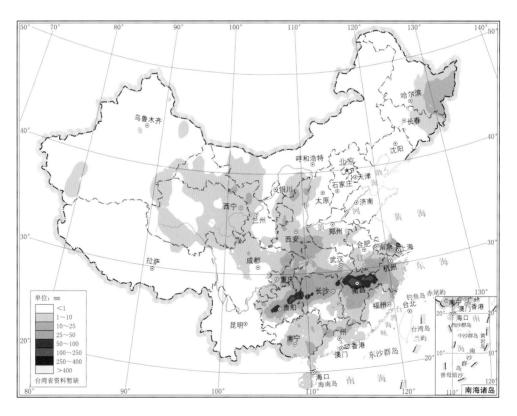

图 3.4.3　2015 年 6 月 3 日全国降水量分布图(单位:mm)

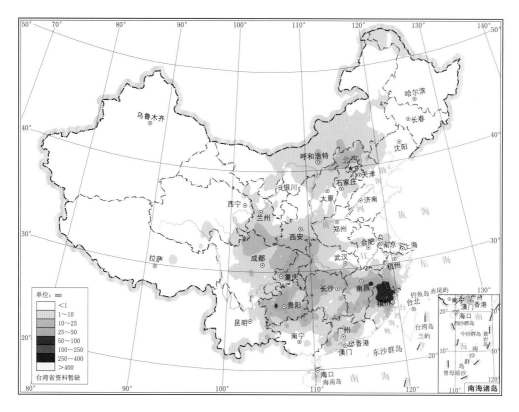

图 3.4.4　2015 年 6 月 4 日全国降水量分布图(单位:mm)

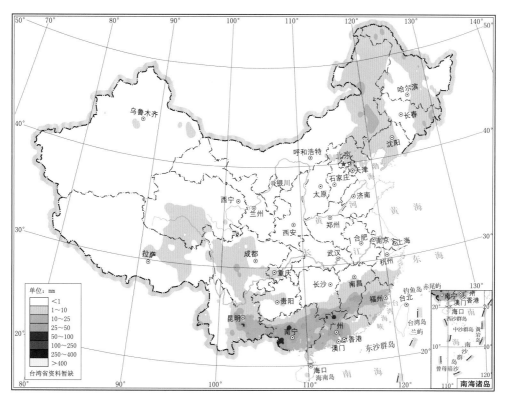

图 3.4.5　2015 年 6 月 5 日全国降水量分布图(单位:mm)

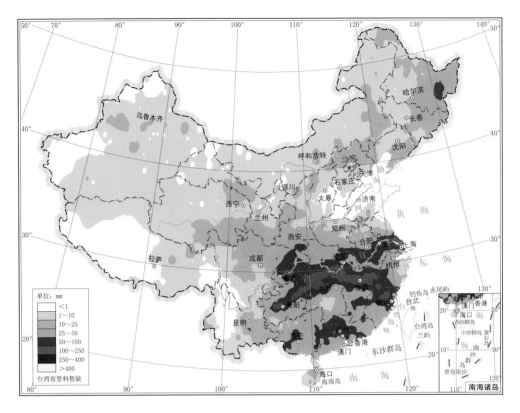

图 3.4.6　2015 年 6 月 1—5 日全国总降水量分布图(单位:mm)

第 12 次主要暴雨过程(No. 12):6 月 7—11 日

6 月 7 日,500 hPa 四川盆地和云贵高原上空有短波槽活动,中低层四川盆地有西南低涡生成,低涡东侧和南侧有切变线,受其影响,贵州至长江中游地区出现暴雨(图 3.4.7);8 日,500 hPa 河套地区西风槽东移南压,同时云贵高原短波槽缓慢东移,中低层江淮流域至贵州有切变活动,切变线上有低涡发展东移,受其影响,雨区东移南压,从贵州中南部至江南北部出现一条东北—西南走向的大范围暴雨带,暴雨带中有两个大暴雨中心,一个出现在贵州、湖南交界处,另一个出现在皖南地区(图 3.4.8);9 日,500 hPa 华北低槽东移北收,南支短波槽缓慢东移,中低层低涡、切变线缓慢东移南压,受其影响,雨区整体东移南压,范围缩小、强度减弱,暴雨主要出现在江西、浙江、福建交界的区域,局部出现大暴雨(图 3.4.9);10 日,500 hPa 青藏高原东侧不断有短波槽补充东移,中低层贵州至江南北部一直有切变维持,受其影响,贵州中部至江南中部出现近东西向的雨带,暴雨分布较为零散(图 3.4.10);11 日,500 hPa 河套地区西风槽发展加深、东移南压,中低层切变线发展加强并有低涡生成,受其影响,雨带整体南压加强,广西北部至江南南部出现一条东北—西南走向的暴雨带,多站出现大暴雨(图 3.4.11)。图 3.4.12 为此次暴雨过程总降水量分布。

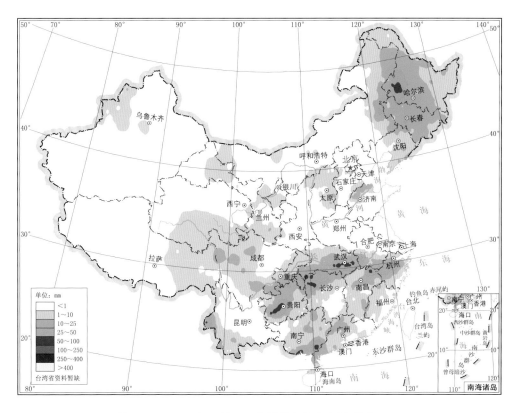

图 3.4.7　2015 年 6 月 7 日全国降水量分布图（单位：mm）

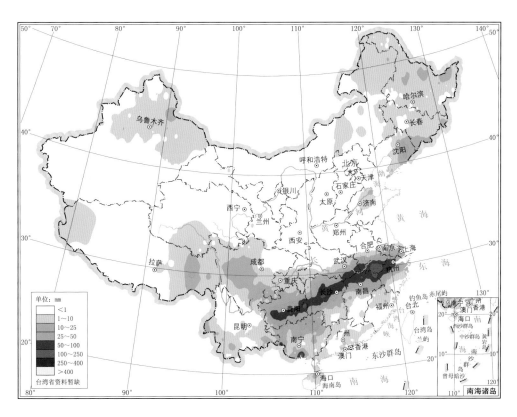

图 3.4.8　2015 年 6 月 8 日全国降水量分布图（单位：mm）

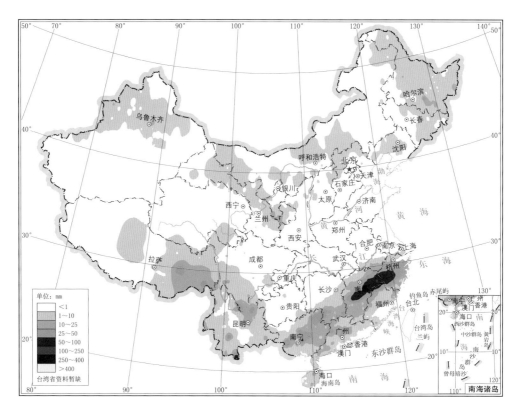

图 3.4.9　2015 年 6 月 9 日全国降水量分布图(单位:mm)

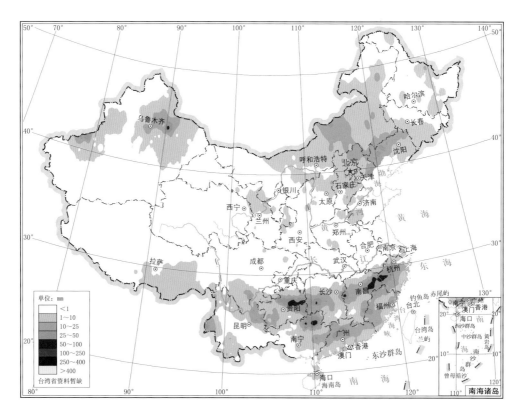

图 3.4.10　2015 年 6 月 10 日全国降水量分布图(单位:mm)

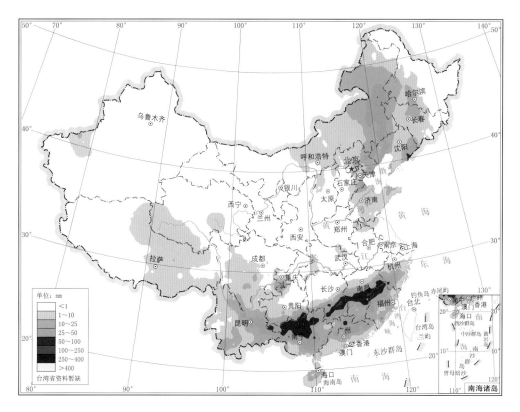

图 3.4.11　2015 年 6 月 11 日全国降水量分布图(单位:mm)

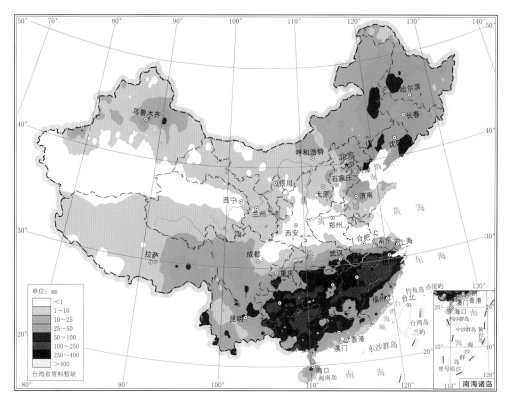

图 3.4.12　2015 年 6 月 7—11 日全国总降水量分布图(单位:mm)

第 13 次主要暴雨过程(No. 13):6 月 13—15 日

6 月 13 日,500 hPa 云贵高原上空有短波槽东移,中低层四川盆地有西南低涡生成,低涡东侧和南侧有切变线,受其影响,西南地区东部、江南、华南出现降水,暴雨分布范围较广也较为零散,局部出现大暴雨(图 3.4.13);14 日,500 hPa 短波槽东移至江南中部到华南西部,中低层西南低涡向东南方向移动,低涡切变线发展,受其影响,江南中部、华南西部出现两个暴雨中心,江西、广西部分地区出现大暴雨(图 3.4.14);15 日,随着 500 hPa 副热带高压(以下简称副高)加强西伸,短波槽东移北收,中低层低涡切变减弱,受其影响,降水范围减小强度减弱,局部出现暴雨(图 3.4.15)。图 3.4.16 为此次暴雨过程总降水量分布。

第 14 次主要暴雨过程(No. 14):6 月 16—19 日

6 月 16 日,500 hPa 青藏高原东侧有短波槽东移发展,700 hPa 陕西南部有低涡切变发展东移,850 hPa 重庆北部有低涡发展,其东侧的切变线伸展至淮河流域,受其影响,我国中东部地区出现降水,暴雨主要出现在安徽中部和江苏南部,部分地区出现大暴雨(图 3.4.17);17 日,500 hPa 短波槽快速东移,同时高原东侧又有新的短波槽补充东移,中低层从长江中上游至江淮流域形成明显的低涡切变,其南侧低空急流明显加强,受其影响,雨带缓慢东移南压,降水强度加大,长江中下游地区出现明显的东西向暴雨带,大别山地区部分站点出现大暴雨,长江三角洲地区多站出现大暴雨(图 3.4.18);18 日,500 hPa 高原东侧的短波槽快速东移南压,同时云贵高原上空又有南支短波槽东移,中低层低涡切变也继续南压,受其影响,雨带整体南压,贵州中部至江南北部出现近东西走向的暴雨带,贵州中部局地出现大暴雨,江西、浙江部分地区出现大暴雨(图 3.4.19);19 日,500 hPa 南支短波槽继续东移,中低层低涡切变东移南压、强度减弱,受其影响,雨带继续东移南压,范围减小、强度减弱,局地出现暴雨(图 3.4.20)。图 3.4.21 为此次暴雨过程总降水量分布。

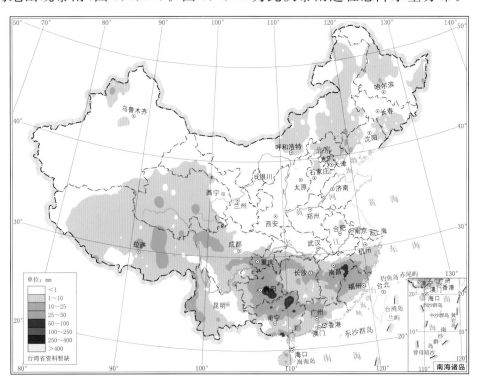

图 3.4.13　2015 年 6 月 13 日全国降水量分布图(单位:mm)

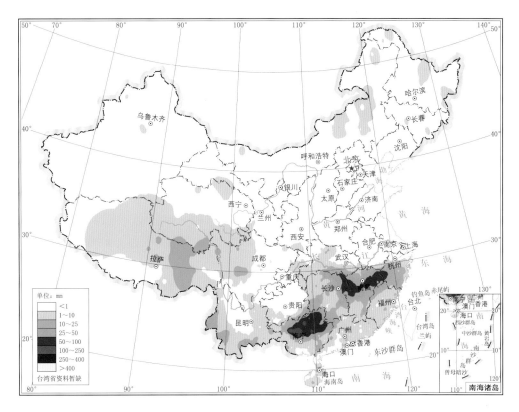

图 3.4.14　2015 年 6 月 14 日全国降水量分布图(单位:mm)

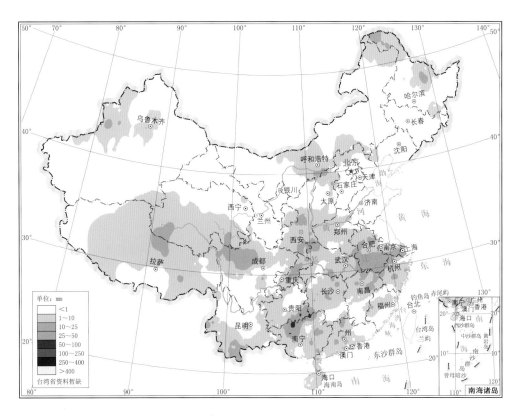

图 3.4.15　2015 年 6 月 15 日全国降水量分布图(单位:mm)

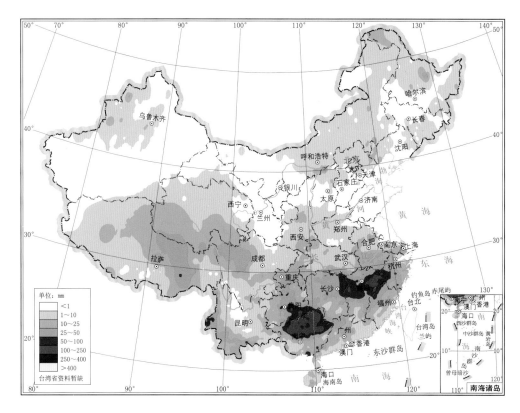

图 3.4.16　2015 年 6 月 13—15 日全国总降水量分布图(单位:mm)

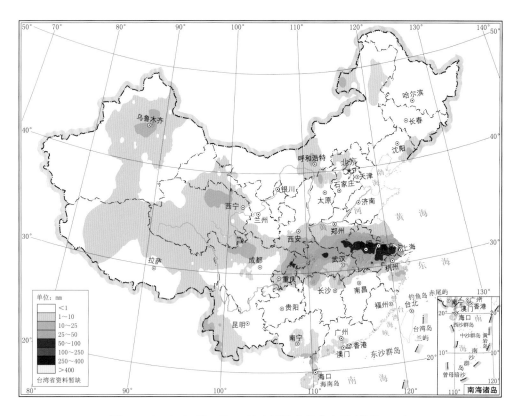

图 3.4.17　2015 年 6 月 16 日全国降水量分布图(单位:mm)

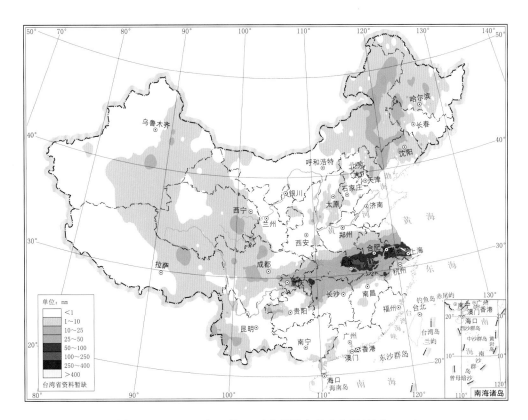

图 3.4.18　2015 年 6 月 17 日全国降水量分布图(单位:mm)

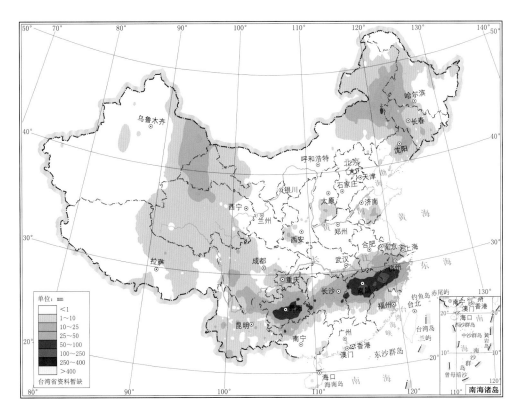

图 3.4.19　2015 年 6 月 18 日全国降水量分布图(单位:mm)

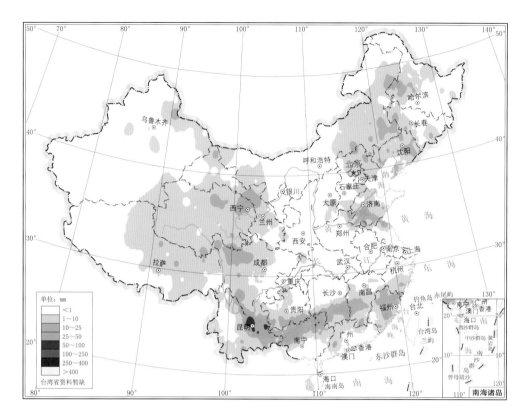

图 3.4.20 2015 年 6 月 19 日全国降水量分布图(单位:mm)

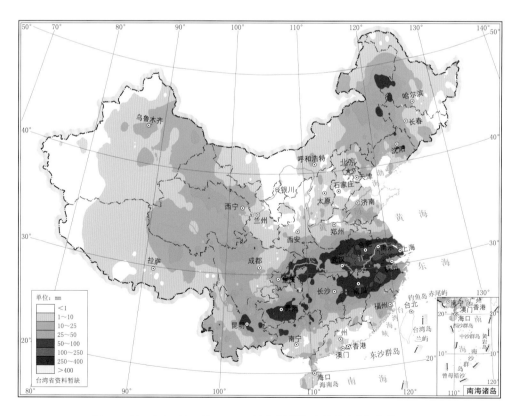

图 3.4.21 2015 年 6 月 16—19 日全国总降水量分布图(单位:mm)

第 15 次主要暴雨过程(No. 15):6 月 21—22 日

6 月 21 日,500 hPa 四川盆地有短波槽东移南压,中低层重庆、贵州有低涡发展,低涡南侧和东侧有切变发展,受其影响,从贵州南部至安徽南部出现一条东北—西南走向的暴雨带,贵州局部地区出现大暴雨,湖南中部部分地区出现大暴雨(图 3.4.22);22 日,500 hPa 副热带高压加强,短波槽沿副热带高压外围东移北收,中低层低涡切变也随之东移北收,受其影响,雨带整体东移北收,降水范围缩小,暴雨主要出现在赣东北至皖南,局部出现大暴雨(图 3.4.23)。图 3.4.24 为此次暴雨过程总降水量分布。

第 16 次主要暴雨过程(No. 16):6 月 23—26 日

6 月 23 日,500 hPa 青藏高原东侧有西风短波槽发展,中低层四川盆地有西南低涡生成,受其影响,川东北至陕西中南部出现降水,暴雨主要出现在川东北,局地出现大暴雨(图 3.4.25);24 日,500 hPa 副热带高压加强,短波槽沿副热带高压外围东移北收,中低层低涡切变也随之东移北收,受其影响,雨区向东发展,川东北维持暴雨、局部大暴雨,同时黄淮地区出现大范围暴雨、局部大暴雨(图 3.4.26);25 日,500 hPa 河套地区有短波槽东移,中低层黄淮地区有低涡切变发展,受其影响,雨区整体缓慢东移南压,暴雨主要出现在淮河流域,黄淮中下游多站出现大暴雨(图 3.4.27);26 日,500 hPa 短波槽及中低层低涡切变快速东移入海,受其影响,雨区快速东移南压,范围减小、强度减弱,安徽南部、江苏南部局地出现暴雨(图 3.4.28)。图 3.4.29 为此次暴雨过程总降水量分布。

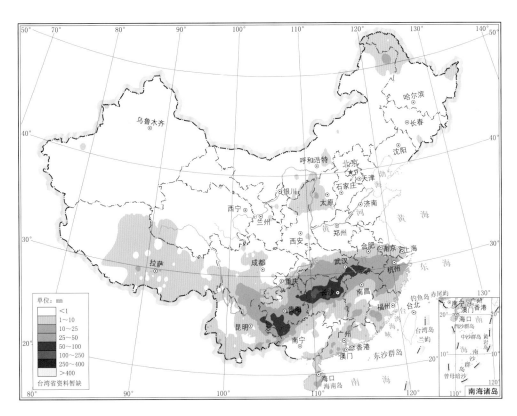

图 3.4.22　2015 年 6 月 21 日全国降水量分布图(单位:mm)

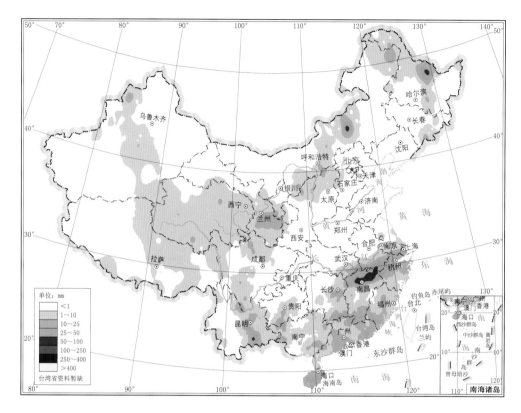

图 3.4.23　2015 年 6 月 22 日全国降水量分布图(单位:mm)

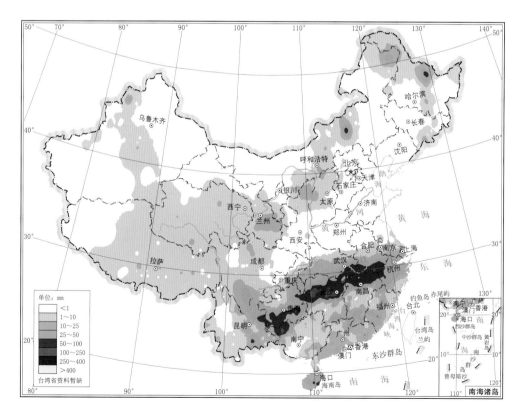

图 3.4.24　2015 年 6 月 21—22 日全国总降水量分布图(单位:mm)

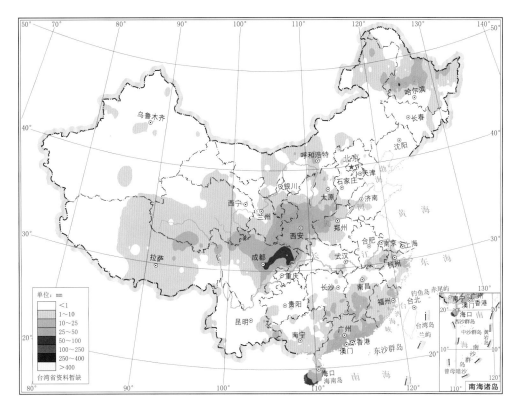

图 3.4.25　2015 年 6 月 23 日全国降水量分布图(单位:mm)

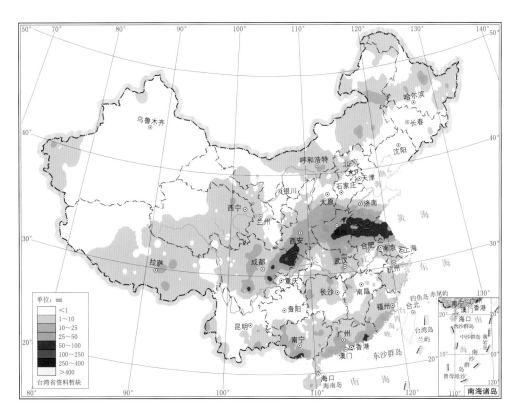

图 3.4.26　2015 年 6 月 24 日全国降水量分布图(单位:mm)

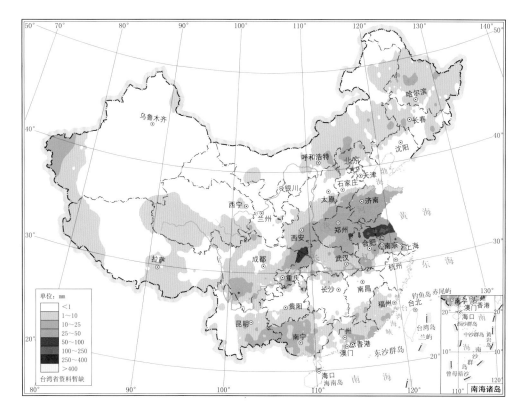

图 3.4.27　2015 年 6 月 25 日全国降水量分布图(单位:mm)

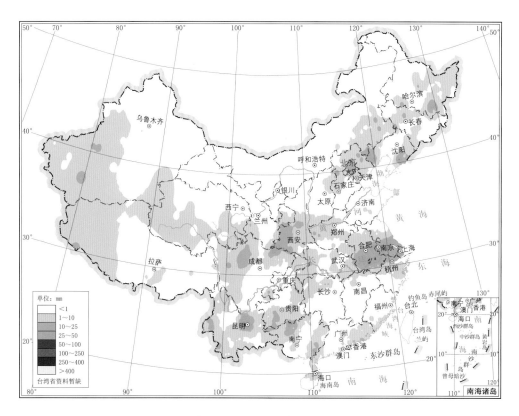

图 3.4.28　2015 年 6 月 26 日全国降水量分布图(单位:mm)

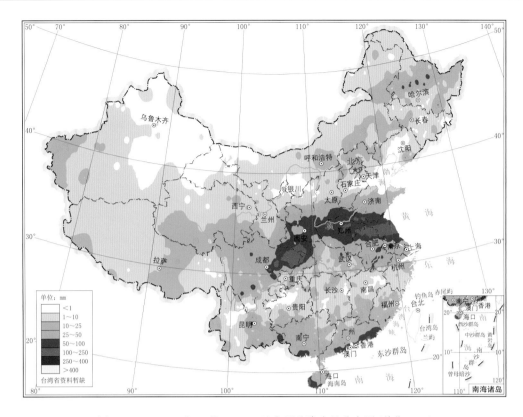

图 3.4.29　2015 年 6 月 23—26 日全国总降水量分布图(单位:mm)

第 17 次主要暴雨过程(No. 17):6 月 27 日—7 月 6 日

6 月 27 日,500 hPa 副热带高压西伸北抬,青藏高原东侧有短波槽发展,我国东部沿海有西风槽活动,700 hPa 甘肃南部有低涡生成,黄淮流域有切变线活动,850 hPa 四川盆地有西南低涡生成,江淮地区有切变线活动,受其影响,川东北出现小范围暴雨,同时河南、安徽、江苏出现大范围强降水,河南南部至江苏南部出现近东西向暴雨带,安徽中部至江苏南部出现大暴雨带,暴雨中心出现在江苏南部的江南地区,多站出现 200 mm 以上的降水,其中金坛出现 274.6 mm 的特大暴雨(图 3.4.30);28—29 日,500 hPa 副热带高压加强,高原东侧短波槽停滞少动,沿海西风槽缓慢东移,中低层低涡切变维持少动,受其影响,川东北暴雨区略向东偏北方向移动,局地出现大暴雨,江淮流域暴雨带缓慢南压,范围减小、强度减弱,安徽、江苏局地仍有大暴雨(图 3.4.31,图 3.4.32);30 日,500 hPa 副热带高压减弱东退,青藏高原东侧短波槽东移发展,中低层低涡切变仍维持在四川盆地至江淮流域,受其影响,四川盆地至江淮流域降水加强,雨带中出现两个暴雨区,一个位于重庆及周边地区,另一个位于安徽中部至江苏中部,局地出现大暴雨(图 3.4.33);7 月 1 日,500 hPa 西风短波槽东移南压,中低层低涡切变随之东移南压至江南北部,受其影响,雨带整体东移南压,雨带中的两个暴雨区分别移至贵州、湖南交界处和江西、浙江交界处,局地出现大暴雨(图 3.4.34);7 月 2—3 日,500 hPa 西风短波槽继续东移南压,同时在西南地区东部又有南支槽不断发展东移,中低层低涡切变继续缓慢东移南压,受其影响,雨带整体东移南压,广西北部至福建北部出现暴雨带,多站出现大暴雨(图 3.4.35,图 3.4.36);7 月 4 日,500 hPa 西风短波槽继续东移,同时云贵高原上空又有南支槽不断发展东移,中低层低涡切变继续维持在华南西部至江南一线,受其影响,雨带总体位置变化不大,暴雨主要出现在云南东

部、广西大部分地区和湖南南部,部分站点出现大暴雨(图3.4.37);7月5—6日,500 hPa
西风短波槽东移减弱,中低层低涡切变东移南压、不断减弱,受其影响,雨带不断东移南
压、强度减弱、范围缩小,暴雨主要出现在华南南部部分地区和浙江中北部地区(图3.4.38,
图3.4.39)。图3.4.40为此次过程总降水量分布。

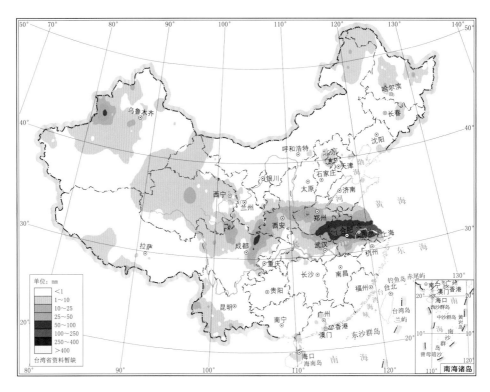

图3.4.30　2015年6月27日全国降水量分布图(单位:mm)

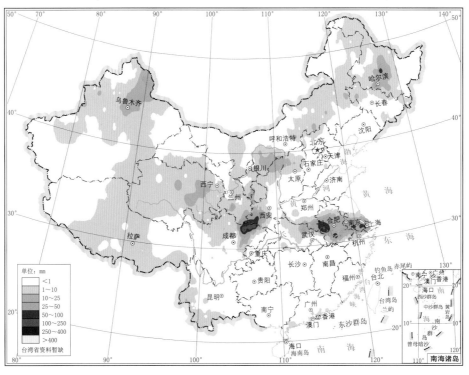

图3.4.31　2015年6月28日全国降水量分布图(单位:mm)

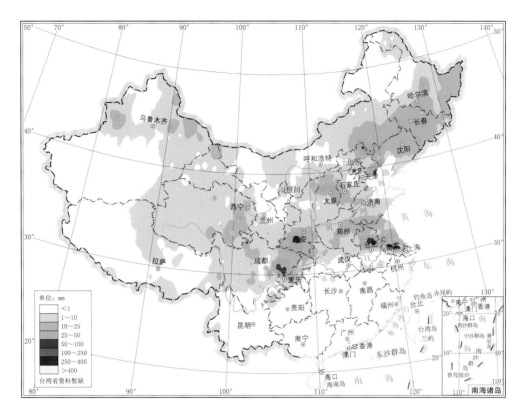

图 3.4.32　2015 年 6 月 29 日全国降水量分布图(单位:mm)

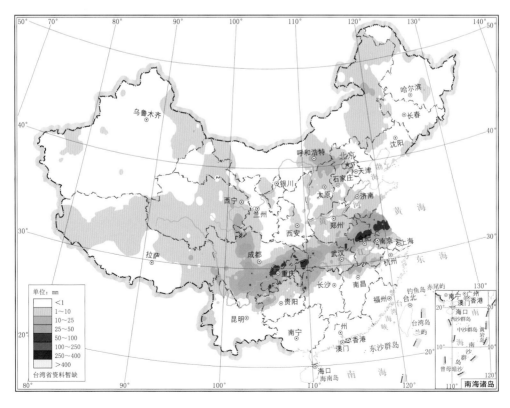

图 3.4.33　2015 年 6 月 30 日全国降水量分布图(单位:mm)

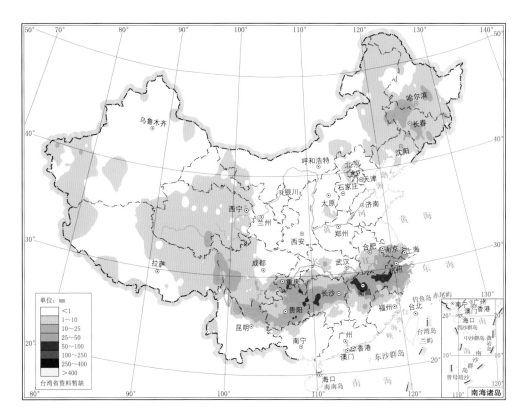

图 3.4.34　2015 年 7 月 1 日全国降水量分布图(单位:mm)

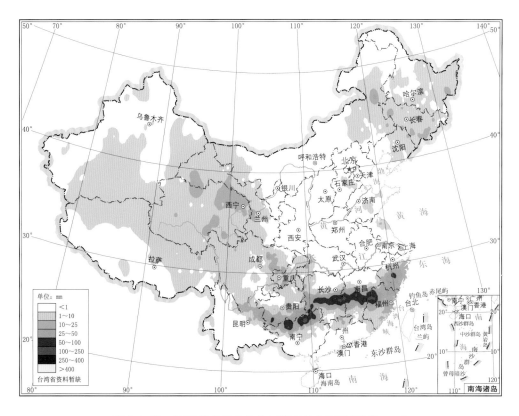

图 3.4.35　2015 年 7 月 2 日全国降水量分布图(单位:mm)

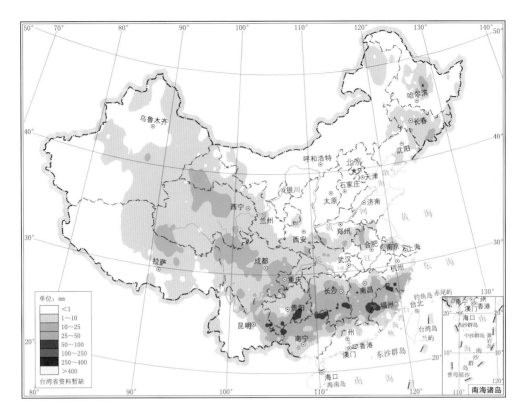

图 3.4.36　2015 年 7 月 3 日全国降水量分布图(单位:mm)

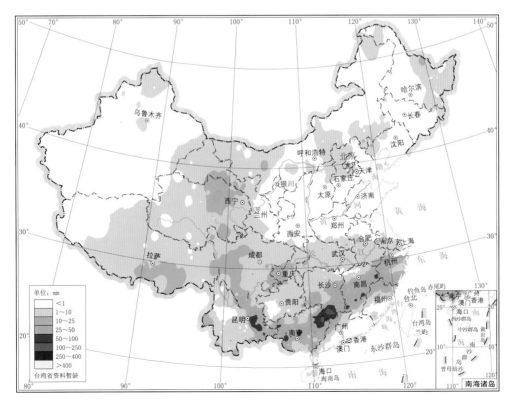

图 3.4.37　2015 年 7 月 4 日全国降水量分布图(单位:mm)

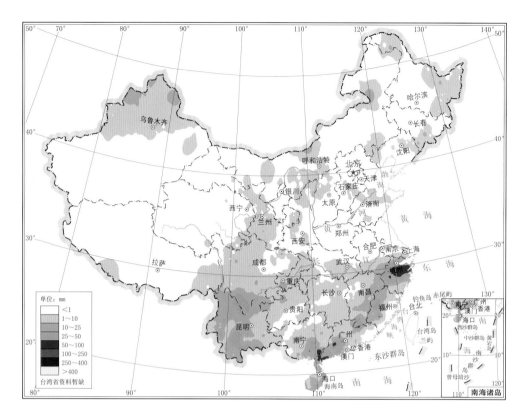

图 3.4.38　2015 年 7 月 5 日全国降水量分布图(单位:mm)

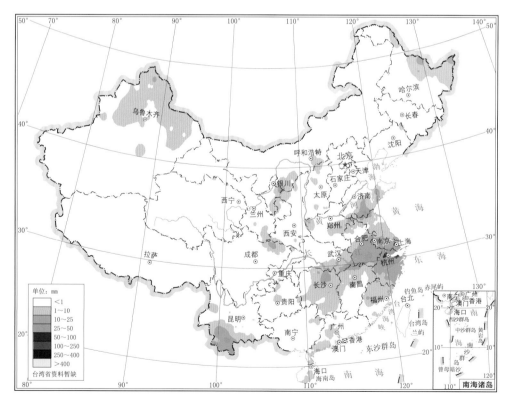

图 3.4.39　2015 年 7 月 6 日全国降水量分布图(单位:mm)

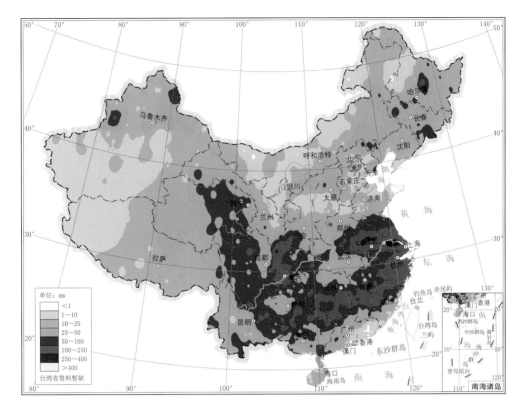

图 3.4.40　2015 年 6 月 27 日—7 月 6 日全国总降水量分布图(单位:mm)

3.5　7月主要暴雨过程(No. 18—No. 23)

第 18 次主要暴雨过程(No. 18):7 月 9—10 日

7 月 9 日,1510 号强台风"莲花"(Linfa)在广东陆丰登陆,登陆后台风中心西移,强度迅速减弱,当晚减弱为热带风暴并进一步西移减弱为热带低压后在广东境内消散,受其影响,广东东部、福建东南部出现降水,暴雨主要出现在广东东南部,并有 9 个站出现大暴雨(图 3.5.1);10 日,受"莲花"减弱消散后残留气旋环流影响,暴雨主要出现在广东中部地区,局部仍有大暴雨(图 3.5.2)。图 3.5.3 为此次暴雨过程总降水量分布。

第 19 次主要暴雨过程(No. 19):7 月 11—13 日

7 月 11 日,1509 号超强台风"灿鸿"(Chan-hom)沿我国东部海岸线向偏北方向移动,强度由超强台风减弱为强台风,下午"灿鸿"在浙江舟山沿海擦肩而过,当晚在杭州湾附近减弱为台风,受其影响,江南东北部地区出现强降水,暴雨主要出现在浙江东部及长江三角洲地区,浙江东北部有 15 个站出现大暴雨,其中定海、象山分别出现 267.7 mm、303.5 mm 的特大暴雨(图 3.5.4);12 日,"灿鸿"继续向偏北方向移动,并在黄海海域减弱为强热带风暴,受其影响,江苏东部、山东半岛出现降水,强降水集中在山东半岛东部,有 5 个站出现大暴雨(图 3.5.5);13 日,"灿鸿"在朝鲜西北部沿海登陆,登陆后强度迅速减弱并消散,受其影响,吉林东部、黑龙江东部部分地区出现暴雨,局部大暴雨(图 3.5.6)。图 3.5.7 为此次暴雨过程总降水量分布。

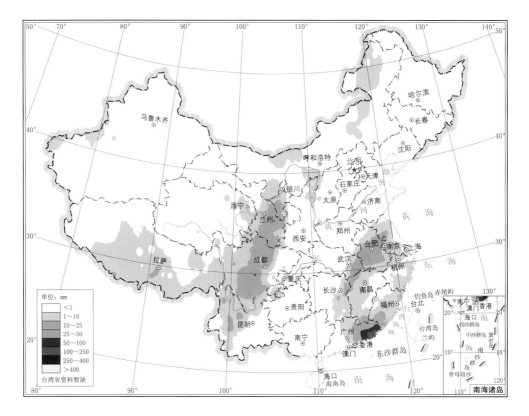

图 3.5.1　2015 年 7 月 9 日全国降水量分布图(单位:mm)

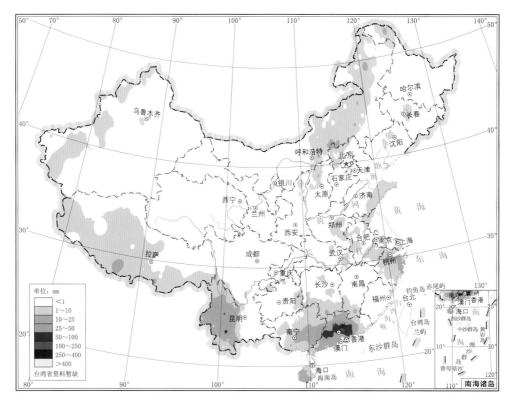

图 3.5.2　2015 年 7 月 10 日全国降水量分布图(单位:mm)

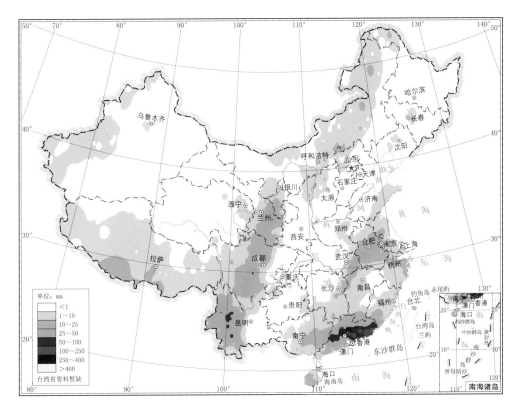

图 3.5.3　2015 年 7 月 9—10 日全国总降水量分布图(单位:mm)

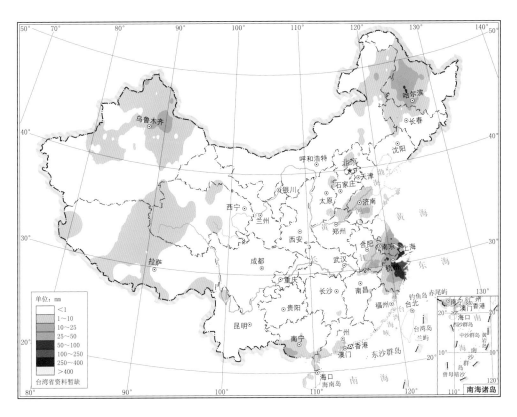

图 3.5.4　2015 年 7 月 11 日全国降水量分布图(单位:mm)

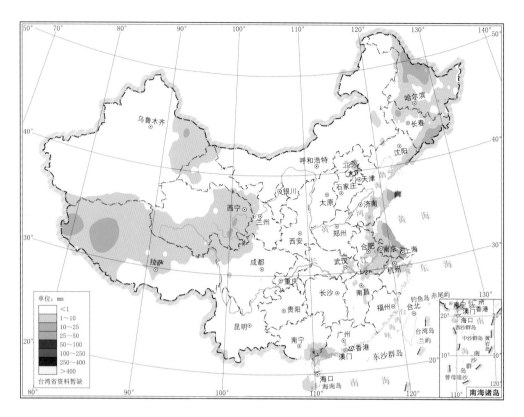

图 3.5.5　2015 年 7 月 12 日全国降水量分布图(单位:mm)

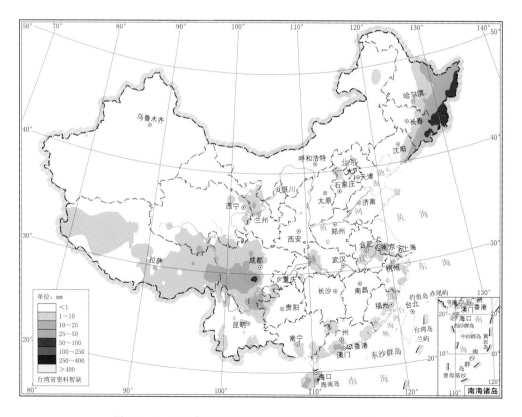

图 3.5.6　2015 年 7 月 13 日全国降水量分布图(单位:mm)

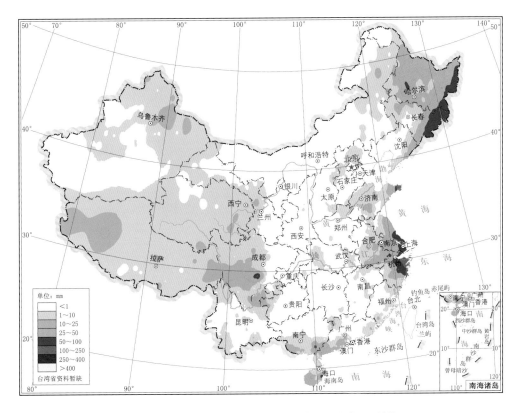

图 3.5.7　2015 年 7 月 11—13 日全国总降水量分布图(单位:mm)

第 20 次主要暴雨过程(No. 20):7 月 13—19 日

　　7 月 13 日,500 hPa,青藏高原东侧有低值扰动东移发展,中、低层四川盆地有弱切变形成,受其影响,四川盆地局部出现暴雨到大暴雨(图 3.5.6);14 日,500 hPa 高原东侧低值扰动东移发展形成短波槽,中低层四川盆地有西南低涡形成,受其影响,四川盆地降水范围扩大,暴雨主要出现在盆地中南部地区,局部大暴雨(图 3.5.8);15 日,500 hPa 高原东侧短波槽东移发展,中低层西南低涡也随之东移发展,低涡东侧和南侧的切变线明显发展加强,受其影响,降水区东移发展,从云南向东北方向一直到山西出现大范围降水带,暴雨主要出现在贵州、重庆、湖北、河南,局部出现大暴雨(图 3.5.9);16 日,500 hPa 短波槽继续东移发展,中低层西南低涡沿切变向东北方向移动,受其影响,雨带整体东移,暴雨主要出现在江淮西部和黄淮西部,安徽局部出现大暴雨(图 3.5.10);17—19 日,500 hPa 西风槽一直维持在华北西部到西南东部,中低层低涡切变也一直维持在江淮至江南北部,强度不断减弱,受其影响,雨带东移减弱,连续 3 d 长江下游部分地区出现暴雨(图 3.5.11—图 3.5.13)。图 3.5.14 为此次暴雨过程总降水量分布。

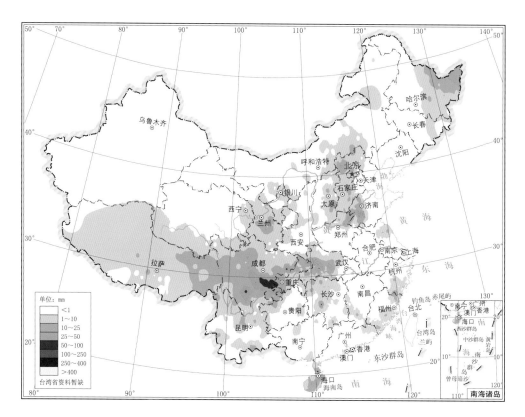

图 3.5.8 2015 年 7 月 14 日全国降水量分布图(单位:mm)

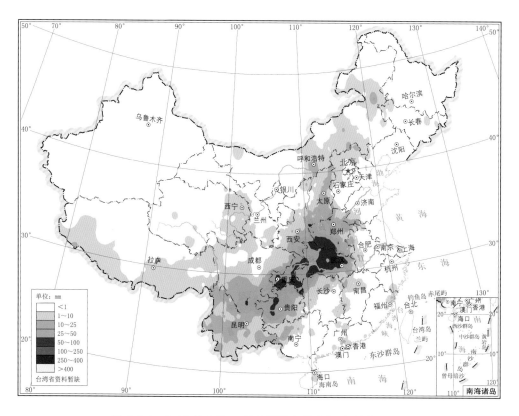

图 3.5.9 2015 年 7 月 15 日全国降水量分布图(单位:mm)

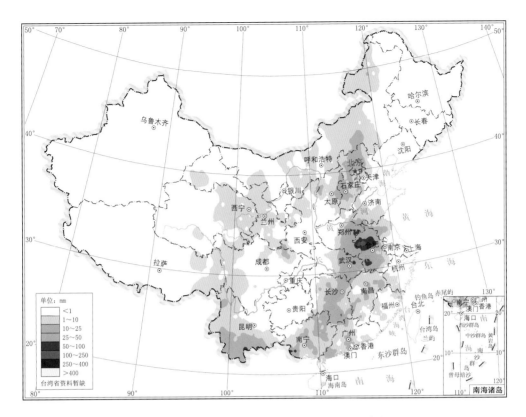

图 3.5.10　2015 年 7 月 16 日全国降水量分布图（单位：mm）

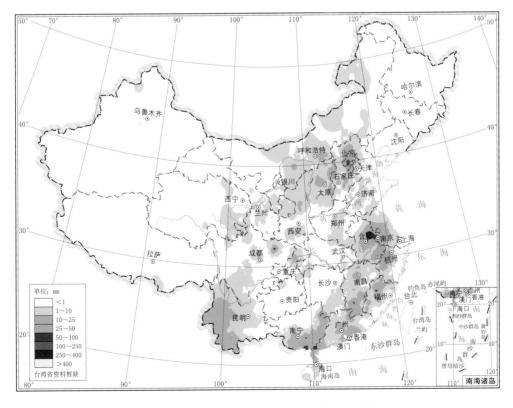

图 3.5.11　2015 年 7 月 17 日全国降水量分布图（单位：mm）

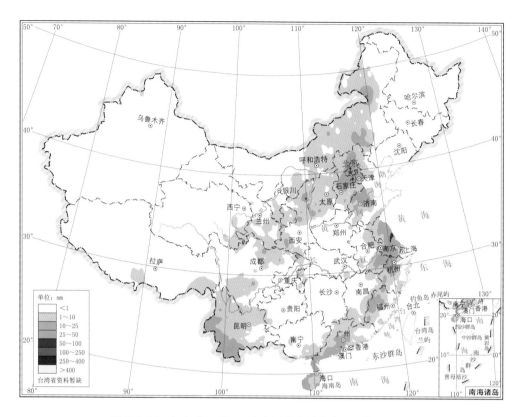

图 3.5.12 2015 年 7 月 18 日全国降水量分布图(单位:mm)

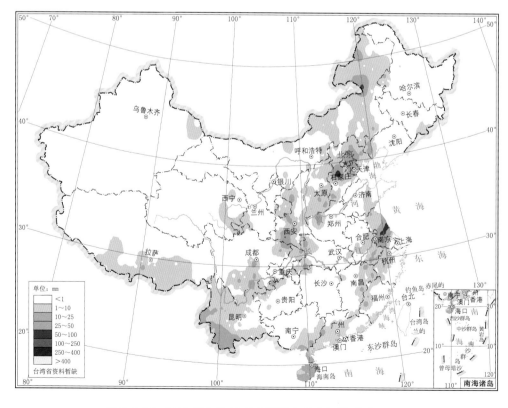

图 3.5.13 2015 年 7 月 19 日全国降水量分布图(单位:mm)

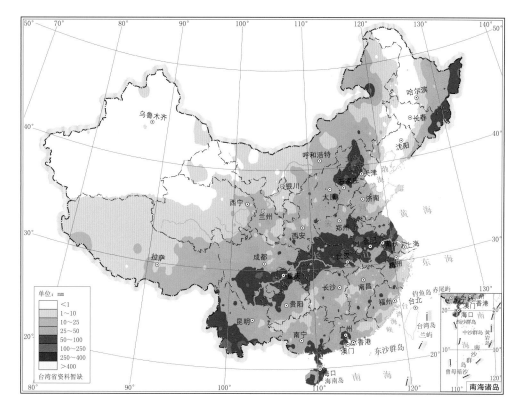

图 3.5.14　2015 年 7 月 13—19 日全国总降水量分布图(单位:mm)

第 21 次主要暴雨过程(No. 21):7 月 19—22 日

7 月 19 日,500 hPa 南海北部有热带低压发展,低压中心位于海南岛东部海面,中低层该海域同样有低压发展,受其影响,海南西沙、珊瑚岛、广西涠洲岛及海南省局部地区出现暴雨(图 3.5.13);20 日,500 hPa 热带低压在海南岛东部海域停滞少动,中低层热带低压也稳定维持在该海域,但低压东侧的东风倒槽明显向东北方向发展至福建沿海,受其影响,海南大部分地区出现暴雨到大暴雨,其中东方出现 382.9 mm 的特大暴雨,广东东部沿海及福建沿海大部分地区出现暴雨到大暴雨(图 3.5.15);21 日,500 hPa 低压中心向东偏北方向移动至广东中部,中低层低压中心也向东偏北方向移动至广东中部,低压倒槽随之西移北伸,受其影响,江南、华南出现大范围降水,暴雨主要出现在广东,部分地区出现大暴雨,其中上川岛出现 302.5 mm 的特大暴雨,其他地区暴雨较为分散(图 3.5.16);22 日,低压中心继续从广东中部向东北方向移动,受其影响,福建中西部地区出现暴雨,局部大暴雨(图 3.5.17)。图 3.5.18 为此次暴雨过程总降水量分布。

第 22 次主要暴雨过程(No. 22):7 月 22—29 日

22 日,500 hPa,青藏高原东侧有短波槽东移至西南地区东部,中低层四川盆地有西南低涡发展,受其影响,西南地区东部出现降水,暴雨主要出现在重庆南部及其周边地区,局地有大暴雨(图 3.5.17);23 日,500 hPa 华北西部低槽加深并向南伸展至贵州,中低层西南低涡及切变东移发展,华南、江南低空急流加强,受其影响,雨区迅速向东扩展,江淮西部、江汉东部、江南、华南、西南南部出现大范围降水,雨区中出现两条暴雨带,一条位于华南,呈东西向分布,其中广东澄海出现 339.8 mm 的特大暴雨,另一条从安徽南部经湖北东部至

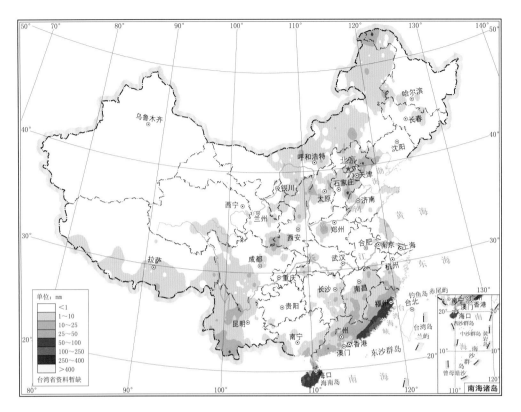

图 3.5.15　2015 年 7 月 20 日全国降水量分布图(单位:mm)

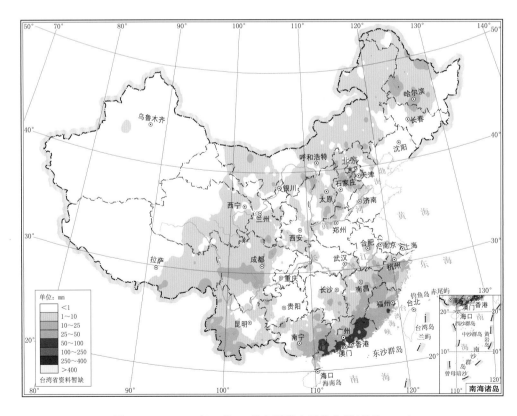

图 3.5.16　2015 年 7 月 21 日全国降水量分布图(单位:mm)

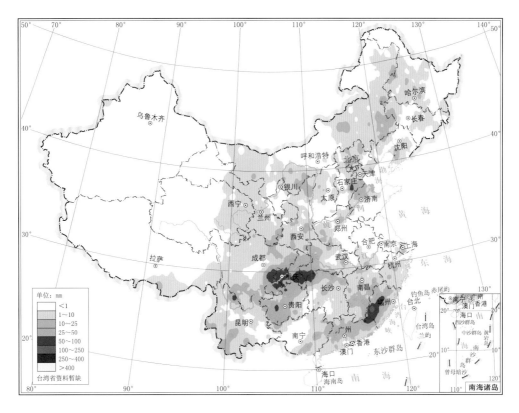

图 3.5.17　2015 年 7 月 22 日全国降水量分布图(单位:mm)

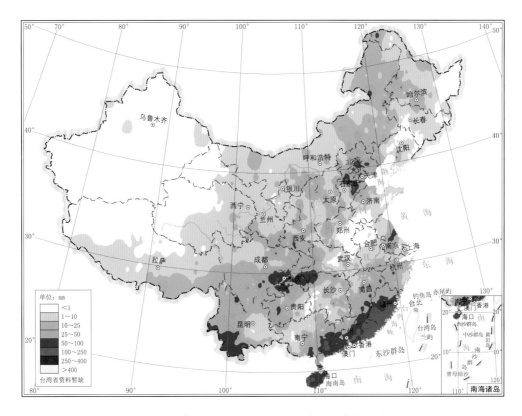

图 3.5.18　2015 年 7 月 19—22 日全国总降水量分布图(单位:mm)

湖南西部,呈东北—西南向分布,鄂东北多站出现大暴雨(图 3.5.19);24 日,500 hPa 西风槽缓慢东移,中低层低涡切变呈东北—西南走向缓慢东移,受其影响,雨区整体向东,暴雨带从江淮流域一直伸展到华南地区,其中安徽南部多站出现大暴雨(图 3.5.20);25 日,500 hPa 西风槽和中低层低涡切变东移缓慢,受其影响,雨带位置整体维持少动,但雨区范围减小,暴雨强度减弱,广西沿海局部出现大暴雨(图 3.5.21);26 日,500 hPa 西风槽底部有切断低压在贵州北部形成,中低层广西西部有低涡切变活动,受其影响,广西出现较为分散的暴雨,但沿海地区有 4 个站出现大暴雨(图 3.5.22);27 日,500 hPa 切断低压缓慢向西北方向移动至四川盆地,中低层广西西部切变略有西移,受其影响,广西中部出现一条南北向暴雨带,南部沿海地区出现大暴雨,其中东兴出现 267.2 mm 的特大暴雨(图 3.5.23);28日,500 hPa 四川盆地低涡继续向西偏南方向移动,中低层广西西部切变维持少动,受其影响,雨区整体向西扩展至云南南部,但暴雨主要出现在广西西南部地区,其中东兴再次出现 318.8 mm 的特大暴雨(图 3.5.24);29 日,500 hPa 低涡继续向西南方向移动,中低层广西西部切变缓慢西移,受其影响,降水主要出现在广西、云南,暴雨较为零散,但广西沿海仍有 4 个站出现大暴雨(图 3.5.25)。图 3.5.26 为此次暴雨过程总降水量分布。

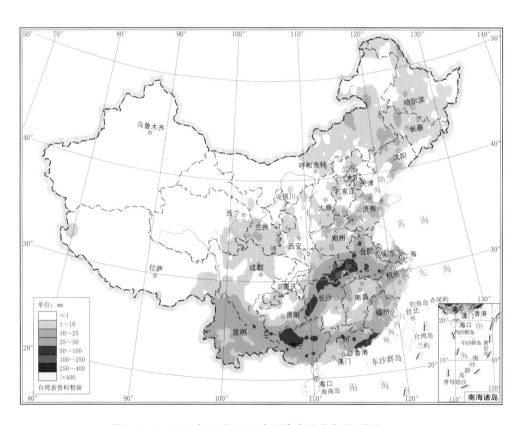

图 3.5.19　2015 年 7 月 23 日全国降水量分布图(单位:mm)

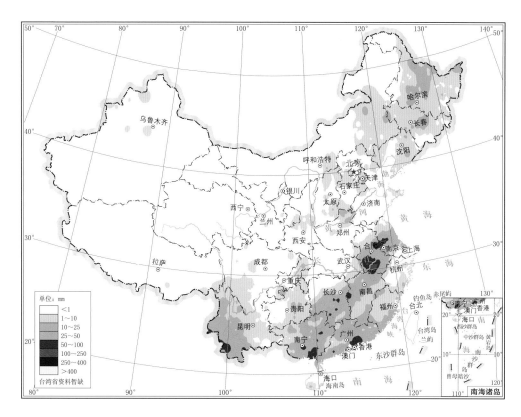

图 3.5.20　2015 年 7 月 24 日全国降水量分布图(单位:mm)

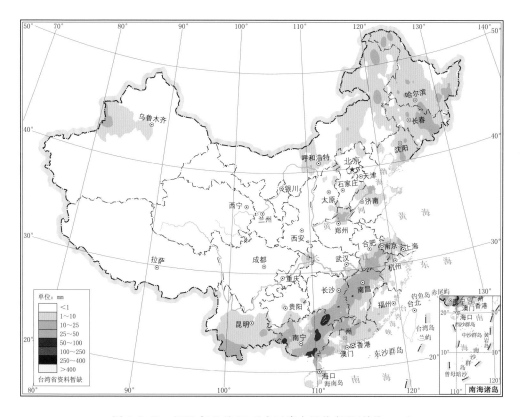

图 3.5.21　2015 年 7 月 25 日全国降水量分布图(单位:mm)

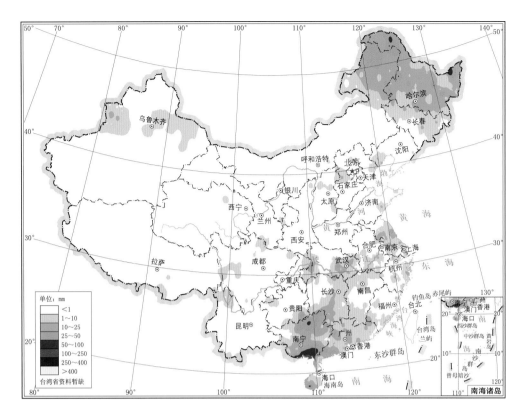

图 3.5.22　2015 年 7 月 26 日全国降水量分布图(单位:mm)

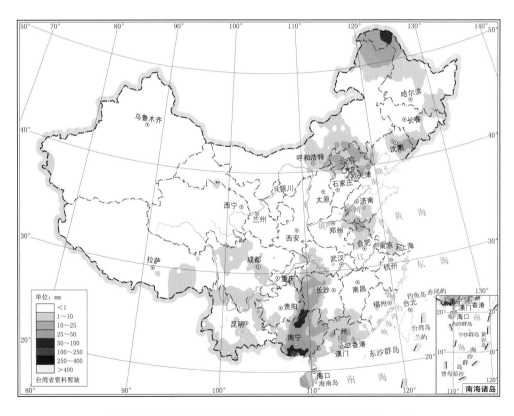

图 3.5.23　2015 年 7 月 27 日全国降水量分布图(单位:mm)

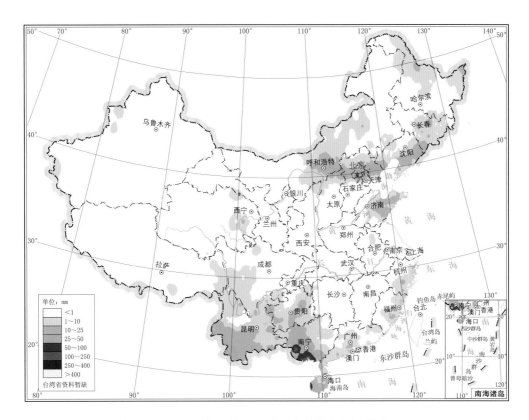

图 3.5.24　2015 年 7 月 28 日全国降水量分布图(单位:mm)

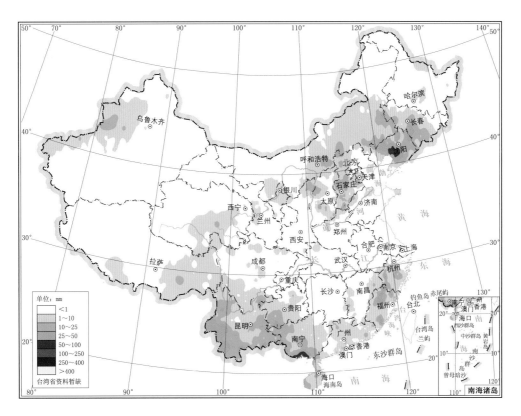

图 3.5.25　2015 年 7 月 29 日全国降水量分布图(单位:mm)

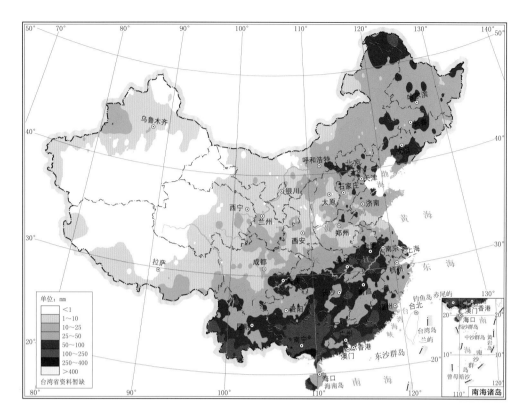

图 3.5.26　2015 年 7 月 22—29 日全国总降水量分布图(单位:mm)

第 23 次主要暴雨过程(No. 23):7 月 30 日—8 月 1 日

7 月 30 日,500 hPa 河套地区有短波槽东移至华北东部,中低层辽宁南部有低涡发展,低涡南部有切变生成并向西南方向伸展至山东北部,低涡东南侧低空急流明显发展,受其影响,东北南部、华北东部及山东北部出现较大范围降水,暴雨主要出现在渤海湾周边地区,鲁北局部出现大暴雨(图 3.5.27);31 日,500 hPa 短波槽东移南压至黄淮地区,中低层黄淮流域有切变新生发展,受其影响,华北东南部及黄淮东部出现强降水,暴雨主要出现在山东中南部地区,并有多站出现大暴雨(图 3.5.28);8 月 1 日,500 hPa 短波槽进一步东移南压至淮河流域,中低层切变也随之东移南压,受其影响,雨区快速东移南压至江苏中北部地区,部分地区出现暴雨、局部大暴雨(图 3.5.29)。图 3.5.30 为此次暴雨过程总降水量分布。

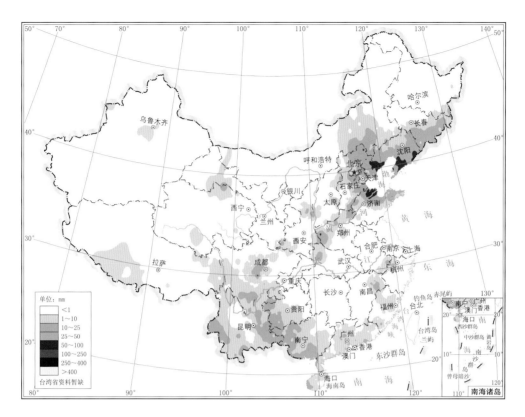

图 3.5.27　2015 年 7 月 30 日全国降水量分布图(单位:mm)

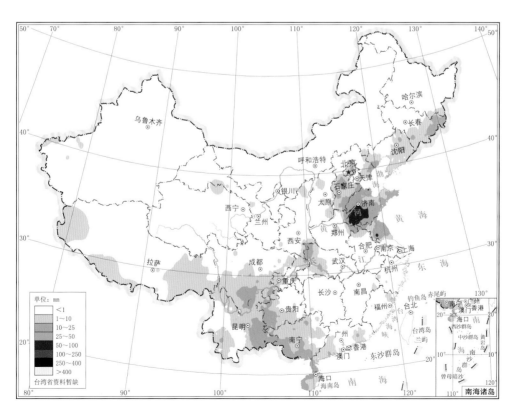

图 3.5.28　2015 年 7 月 31 日全国降水量分布图(单位:mm)

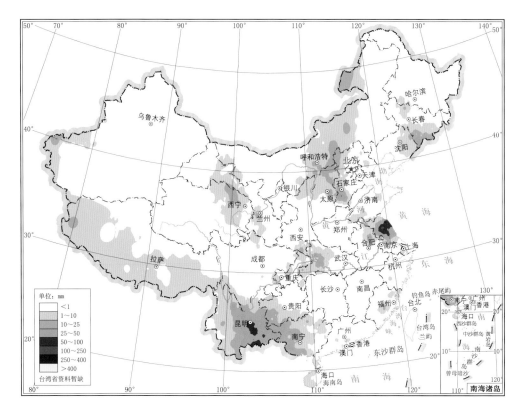

图 3.5.29　2015 年 8 月 1 日全国降水量分布图(单位:mm)

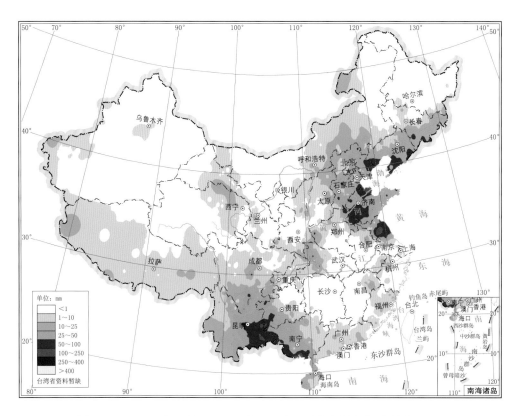

图 3.5.30　2015 年 7 月 30 日—8 月 1 日全国总降水量分布图(单位:mm)

3.6　8 月主要暴雨过程(No. 24—No. 30)

第 24 次主要暴雨过程(No. 24):8 月 2—4 日

8 月 2 日,500 hPa 河套地区及华北地区有短波槽活动,中低层该区域有切变形成,受其影响,华北及黄淮北部部分地区出现降水,暴雨分布零散,局部地区出现大暴雨(图 3.6.1);3 日,500 hPa 河套地区短波槽发展加深并快速东移,700 hPa 河套地区有低涡生成,低涡东侧有切变线向东偏北方向伸展至辽宁西部,低涡切变形成后快速东移南压,受其影响,华北及黄淮北部部分地区出现大范围强降水,暴雨集中出现在河北南部至山东北部,并有多站出现大暴雨(图 3.6.2);4 日,500 hPa 西风槽东移北收,中低层切变线继续东移,受其影响,黄河下游至东北东部出现一条东北—西南走向的雨带,暴雨主要出现在辽宁东部和吉林东南部,局部出现大暴雨(图 3.6.3)。图 3.6.4 为此次暴雨过程的总降水量分布。

第 25 次主要暴雨过程(No. 25):8 月 5—8 日

8 月 5 日,500 hPa 山西至重庆北部有西风短波槽发展,700 hPa 山西南部有低涡生成,850 hPa 该区域有切变线形成,受其影响,江汉西部、黄淮地区出现降水,河南中南部部分地区出现暴雨(图 3.6.5);6 日,500 hPa 西风短波槽缓慢东移,中低层切变线也随之东移,受其影响,雨区整体东移,江淮地区、黄淮东部、东北南部出现降水,暴雨分布较为零散(图 3.6.6);7—8 日,500 hPa 副高加强西伸,西风槽受其阻挡停滞少动,中、低层切变线同样停滞少动,受其影响,东北南部至黄淮东部出现降水,山东南部沿海和江苏北部沿海出现暴雨到大暴雨,其他地区有分散性暴雨(图 3.6.7—图 3.6.8)。图 3.6.9 为此次暴雨过程总降水量分布。

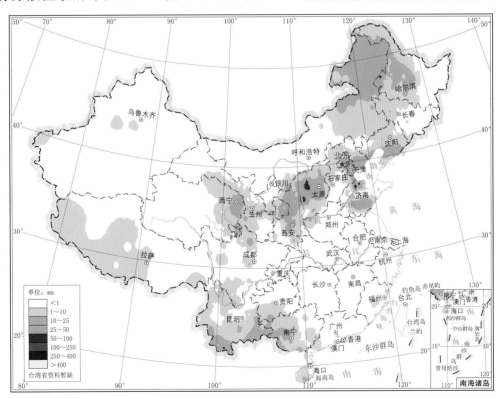

图 3.6.1　2015 年 8 月 2 日全国降水量分布图(单位:mm)

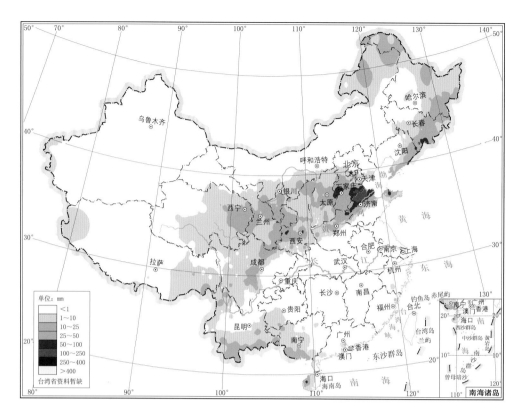

图 3.6.2　2015 年 8 月 3 日全国降水量分布图(单位:mm)

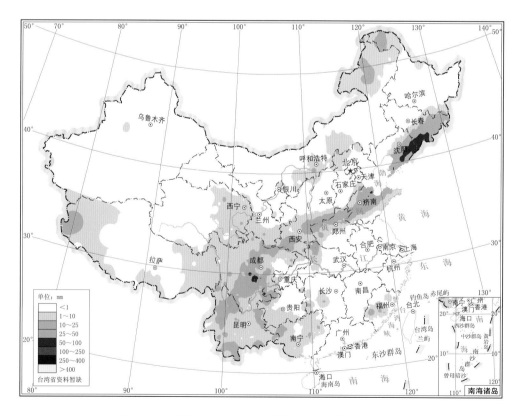

图 3.6.3　2015 年 8 月 4 日全国降水量分布图(单位:mm)

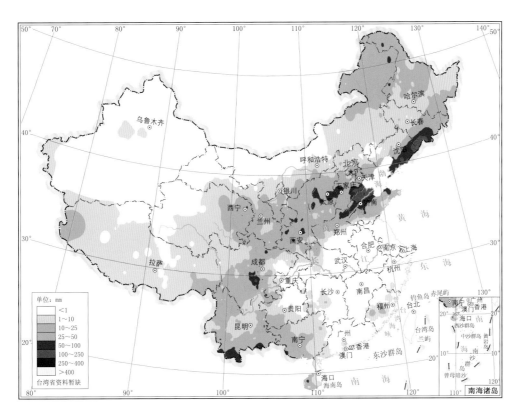

图 3.6.4　2015 年 8 月 2—4 日全国总降水量分布图(单位:mm)

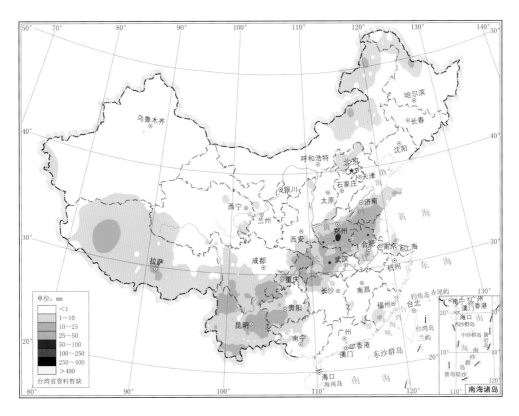

图 3.6.5　2015 年 8 月 5 日全国降水量分布图(单位:mm)

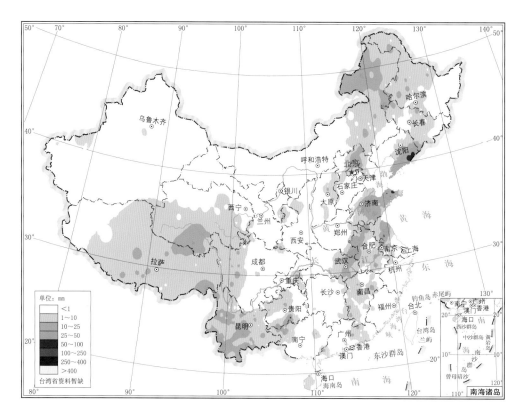

图 3.6.6　2015 年 8 月 6 日全国降水量分布图(单位:mm)

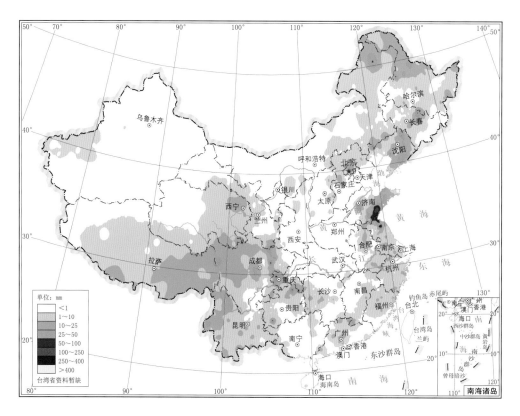

图 3.6.7　2015 年 8 月 7 日全国降水量分布图(单位:mm)

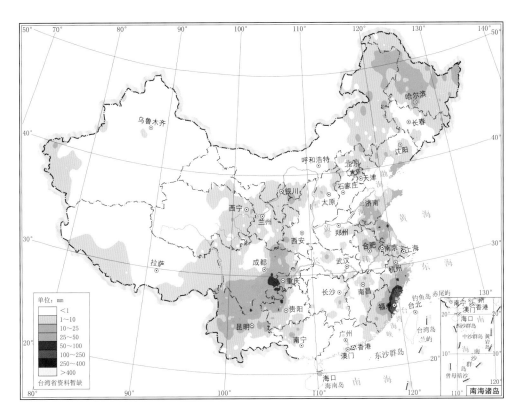

图 3.6.8　2015 年 8 月 8 日全国降水量分布图(单位:mm)

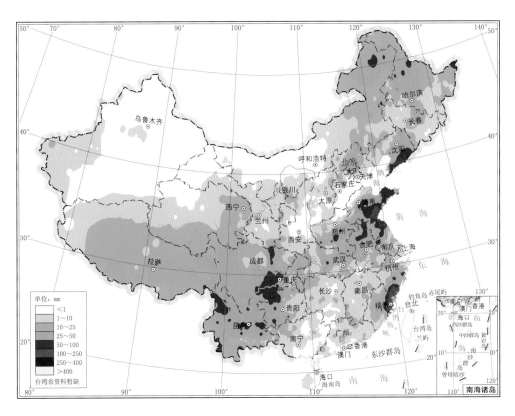

图 3.6.9　2015 年 8 月 5—8 日全国总降水量分布图(单位:mm)

第 26 次主要暴雨过程(No. 26):8 月 8—11 日

8 月 8 日,1513 号超强台风"苏迪罗"(Soudelor)先后在台湾花莲和福建莆田登陆,第二次登陆后强度减弱为强热带风暴,并转向西北偏西方向移动,受其影响,福建北部和浙江南部出现强降水,暴雨主要出现在福建北部沿海和浙江南部部分地区,福建北部沿海多站出现大暴雨,其中福州郊区和罗源分别出现 318.5 mm 和 270.4 mm 的特大暴雨(图 3.6.8);9日,"苏迪罗"在福建中部减弱为热带风暴并转向西北方向移动进入江西境内,夜间减弱为热带低压并转向北移动,受其影响,江南大部分地区、江淮西部出现大范围强降水,暴雨主要出现在福建、浙江及安徽南部,福建东北部、浙江东南部出现大范围大暴雨,其中福建周宁、柘荣分别出现 307.3 mm 和 265.3 mm 的特大暴雨,另外,江西、湖南局部也出现暴雨,其中江西庐山出现了 284 mm 的特大暴雨(图 3.6.10);10 日,"苏迪罗"进入安徽境内并折向东北方向移动,夜间进入江苏省境内,受其影响,雨区整体向北移动,江淮流域出现大面积暴雨到大暴雨,其中江苏大暴雨 18 站,其他地区暴雨较为分散(图 3.6.11);11 日,台风"苏迪罗"进入黄海海域后转向偏东方向,受其影响,江苏中部部分地区出现暴雨到大暴雨(图 3.6.12)。图 3.6.13 为此次暴雨过程总降水量分布。

第 27 次主要暴雨过程(No. 27):8 月 12—16 日

12 日,500 hPa 云贵高原上空有短波槽发展,中低层该区域有切变线形成,受其影响,贵州、云南出现降水,部分地区出现暴雨,贵州局部出现大暴雨(图 3.6.14);13 日,500 hPa 短波槽及中低层切变线缓慢东移,受其影响,降水区域向东扩展,暴雨分布较为零散,局部出现大暴雨(图 3.6.15);14—16 日,500 hPa 短波槽及中低层切变线继续缓慢东移,受其影响,雨区逐步向东扩展,江南、华南大部分地区出现降水,暴雨分布较为零散,局部出现大暴雨(图 3.6.16—图 3.6.18)。图 3.6.19 为此次暴雨过程总降水量分布。

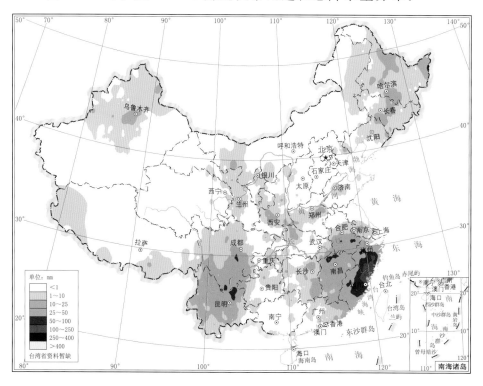

图 3.6.10　2015 年 8 月 9 日全国降水量分布图(单位:mm)

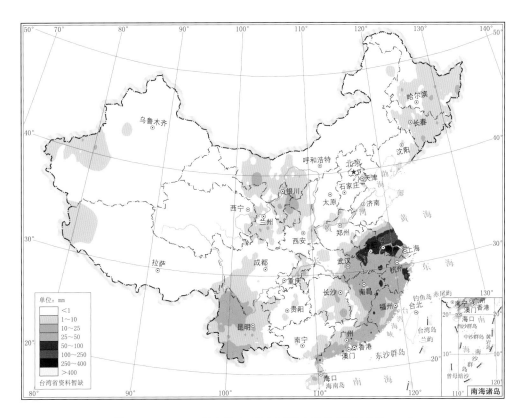

图 3.6.11　2015 年 8 月 10 日全国降水量分布图(单位:mm)

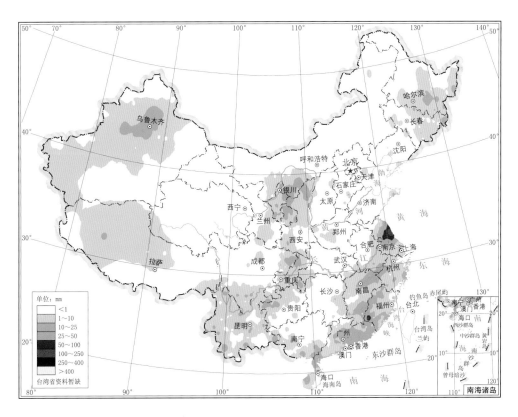

图 3.6.12　2015 年 8 月 11 日全国降水量分布图(单位:mm)

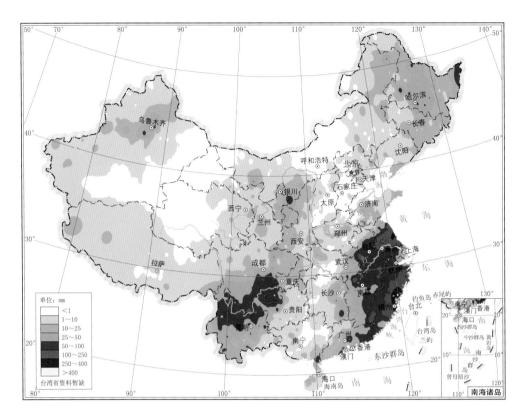

图 3.6.13　2015 年 8 月 8—11 日全国总降水量分布图(单位:mm)

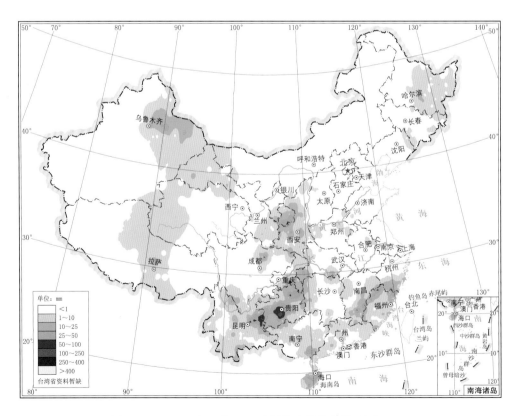

图 3.6.14　2015 年 8 月 12 日全国降水量分布图(单位:mm)

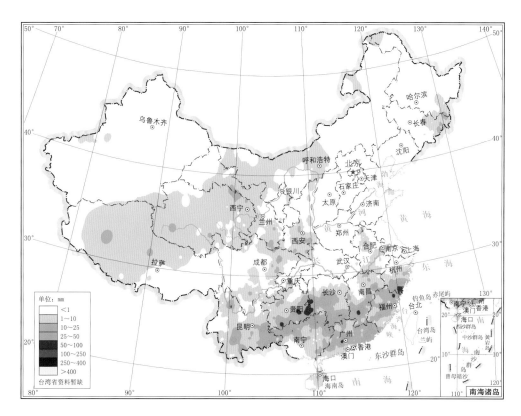

图 3.6.15　2015 年 8 月 13 日全国降水量分布图（单位：mm）

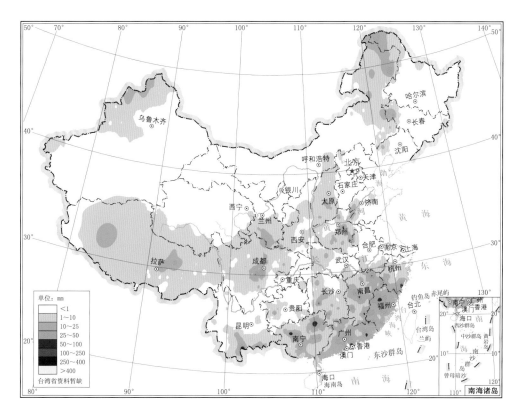

图 3.6.16　2015 年 8 月 14 日全国降水量分布图（单位：mm）

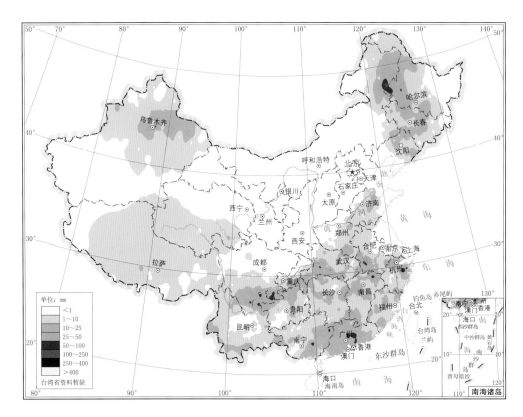

图 3.6.17　2015 年 8 月 15 日全国降水量分布图(单位:mm)

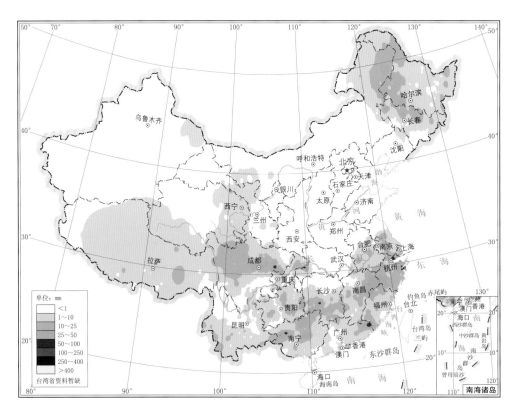

图 3.6.18　2015 年 8 月 16 日全国降水量分布图(单位:mm)

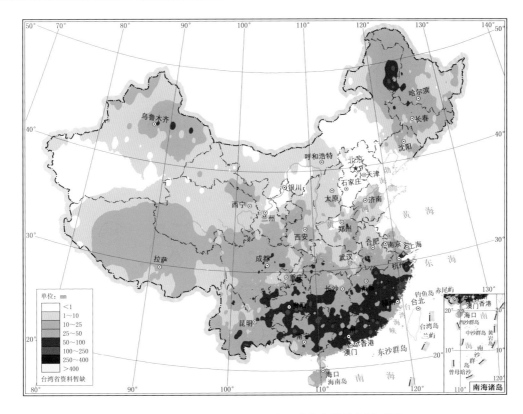

图 3.6.19　2015 年 8 月 12—16 日全国总降水量分布图(单位:mm)

第 28 次主要暴雨过程(No. 28):8 月 17—20 日

17 日,500 hPa 及中低层四川盆地有西南低涡生成、发展,受其影响,四川盆地出现大范围强降水,暴雨较为集中出现在盆地中部地区,四川有 13 个站、重庆有 4 个站出现大暴雨(图 3.6.20);18 日,500 hPa 四川盆地低涡减弱为短波槽,停滞少动,中低层西南低涡缓慢东移,受其影响,雨区整体缓慢向东扩展并出现两个暴雨中心,一个位于川东北至陕南,另一个位于贵州中部,局部都有大暴雨出现(图 3.6.21);19 日,500 hPa 短波槽仍停滞少动,中低层西南低涡缓慢向东北方向移动至湖北西北部地区,同时在云贵高原上空又有新的低涡发展,受其影响,从云南东北部至淮河流域出现了东北—西南走向的大范围雨带,雨带中暴雨分布较广且较为零散,其中广西西部至湘西北出现了一条东北—西南走向的狭窄暴雨带,部分地区出现大暴雨(图 3.6.22);20 日,500 hPa 短波槽及中低层低涡切变东移北收,受其影响,雨带迅速东移减弱,江淮东部部分地区出现暴雨、局部大暴雨,华南地区也出现零散暴雨(图 3.6.23)。图 3.6.24 为此次暴雨过程总降水量分布。

第 29 次主要暴雨过程(No. 29):8 月 22—24 日

8 月 22 日,1515 号超强台风"天鹅"(Goni)在位于台湾东南方向的海域上向偏北方向移动,其强度为强台风级别,此时 500 hPa 华北至长江中游地区有西风槽发展,700 hPa 江南东部有弱切变形成,850 hPa 江南东部为台风外围的气旋环流控制,受其影响,江南东北部地区出现降水,暴雨主要出现在浙江北部及上海局部地区,分布较为零散(图 3.6.25);23 日,"天鹅"在台湾以东洋面上继续向偏北方向移动,强度增强为超强台风,此时 500 hPa 长江中游地区西风槽缓慢东移,700 hPa 江南东部切变线停滞少动,850 hPa 台风外围的气旋环流控制进一步向北控制,受其影响,降水区域变化不大,暴雨主要出现在浙江北部沿海及上海局部地区、局部出现大暴雨(图 3.6.26);24 日,"天鹅"在东海沿琉球群岛附近海域向东北方向,逐渐向日本靠近,受其影响,降水区域整体向北扩展,暴雨主要出现在上海和江苏南部,共有 12 站出现大暴雨(图 3.6.27)。图 3.6.28 为此次暴雨过程总降水量分布。

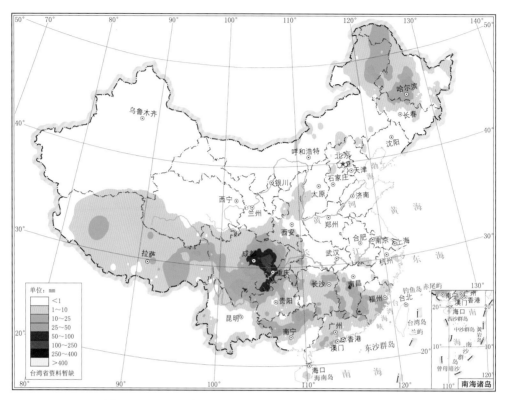

图 3.6.20   2015 年 8 月 17 日全国降水量分布图(单位:mm)

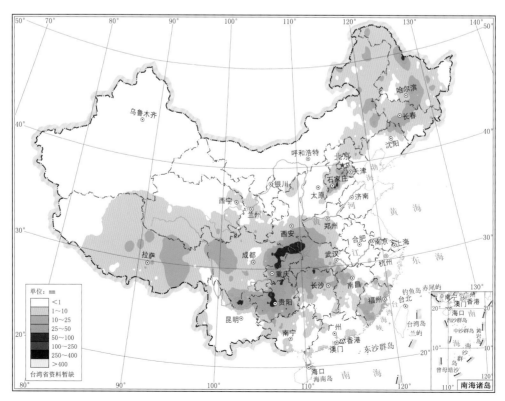

图 3.6.21   2015 年 8 月 18 日全国降水量分布图(单位:mm)

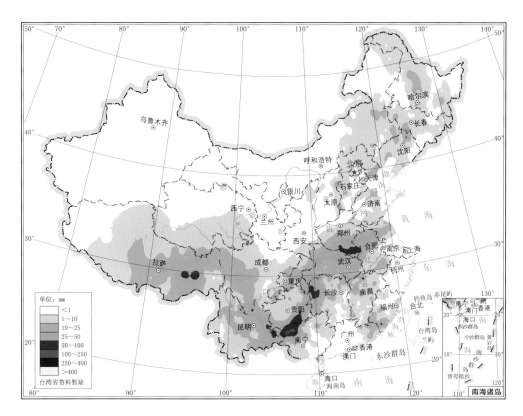

图 3.6.22　2015 年 8 月 19 日全国降水量分布图(单位:mm)

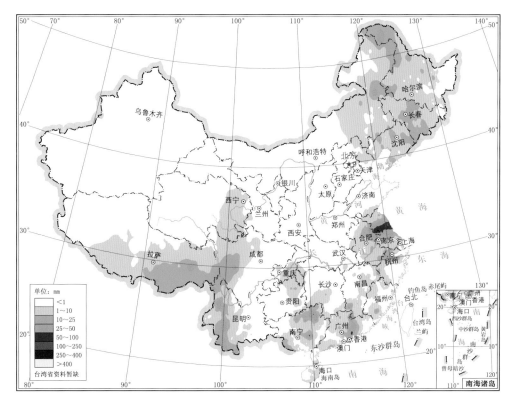

图 3.6.23　2015 年 8 月 20 日全国降水量分布图(单位:mm)

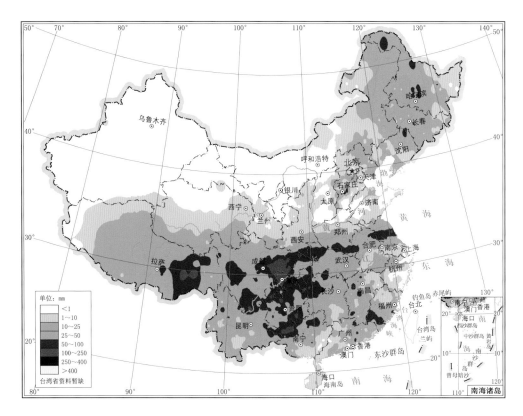

图 3.6.24　2015 年 8 月 17—20 日全国总降水量分布图(单位:mm)

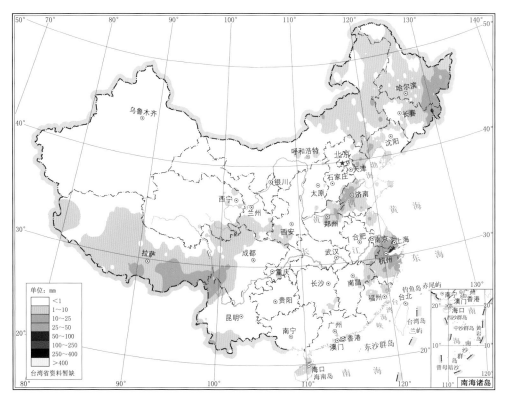

图 3.6.25　2015 年 8 月 22 日全国降水量分布图(单位:mm)

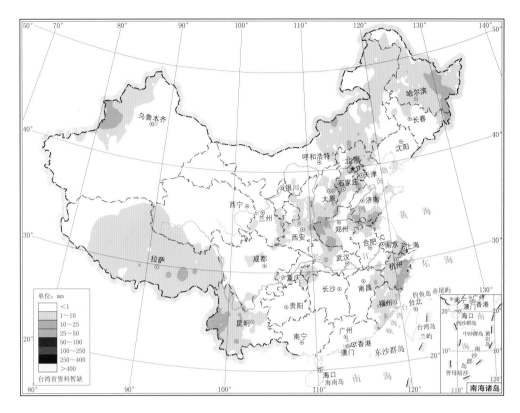

图 3.6.26　2015 年 8 月 23 日全国降水量分布图(单位:mm)

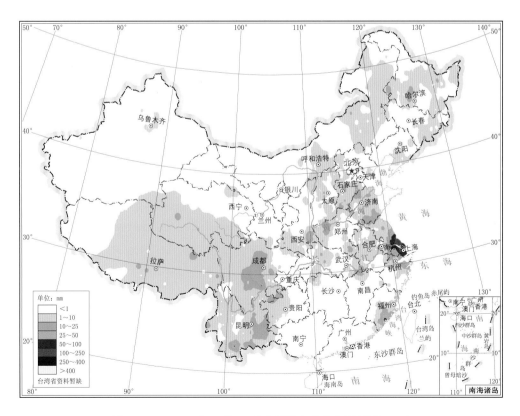

图 3.6.27　2015 年 8 月 24 日全国降水量分布图(单位:mm)

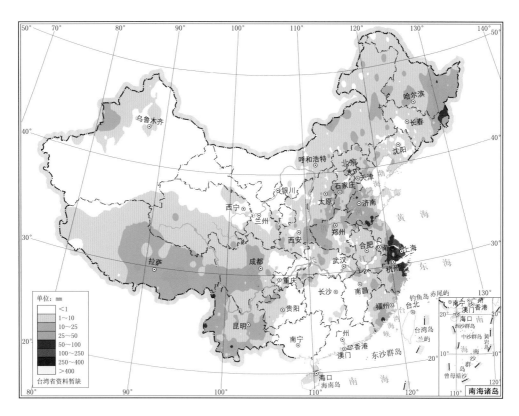

图 3.6.28　2015 年 8 月 22—24 日全国总降水量分布图(单位:mm)

第 30 次主要暴雨过程(No. 30):8 月 28 日—9 月 3 日

8 月 28 日,500 hPa 云贵高原上空有低涡发展东移,中低层该区域也有低涡发展,低涡切变从云南南部一直伸展到江南南部,受其影响,云南、贵州、江南南部及华南北部出现大范围降水,暴雨主要出现在贵州南部至湖南南部,黔西南多站出现大暴雨(图 3.6.29);29日,500 hPa 华南西部有短波槽形成,中低层低涡切变缓慢东移南压,受其影响,雨带整体东移南压,华南及江南东部出现降水,暴雨主要出现在广西中西部地区,局部大暴雨(图 3.6.30);30—31 日,500 hPa 华南西部短波槽东移,同时云贵高原上空又有短波槽东移,中低层低涡切变一直维持在华南上空,受其影响,雨带进一步东移南压,暴雨主要出现在华南南部及东部,局部仍有大暴雨(图 3.6.31—图 3.6.32);9 月 1—3 日,500 hPa 华南上空一直维持短波槽活动,中低层低涡切变也一直维持在华南上空,受其影响,江南南部及华南地区连续 3 d 出现降水,暴雨主要出现在华南南部及东部,局部有大暴雨(图 3.6.33—图 3.6.35)。图 3.6.36 为此次暴雨过程总降水量分布。

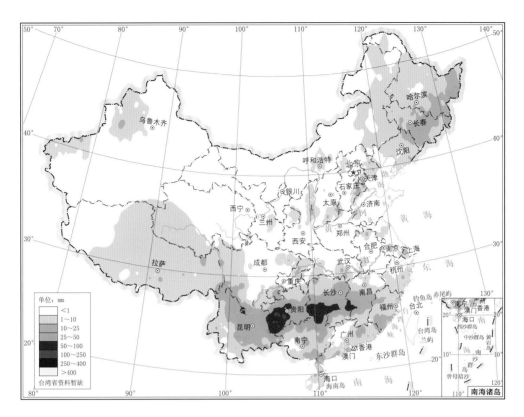

图 3.6.29　2015 年 8 月 28 日全国降水量分布图(单位:mm)

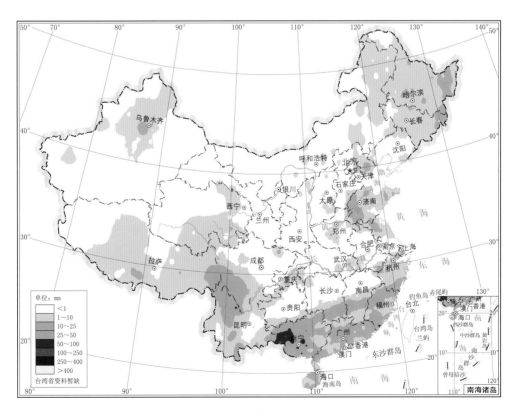

图 3.6.30　2015 年 8 月 29 日全国降水量分布图(单位:mm)

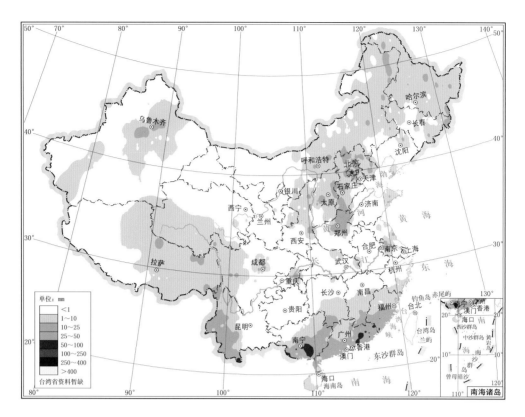

图 3.6.31　2015 年 8 月 30 日全国降水量分布图(单位:mm)

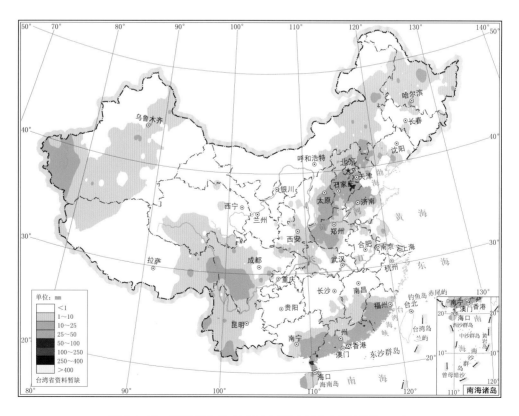

图 3.6.32　2015 年 8 月 31 日全国降水量分布图(单位:mm)

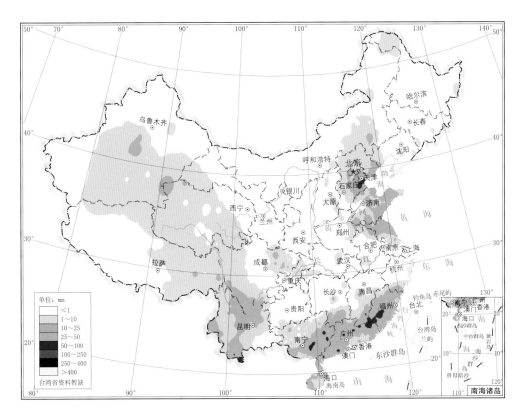

图 3.6.33　2015 年 9 月 1 日全国降水量分布图（单位：mm）

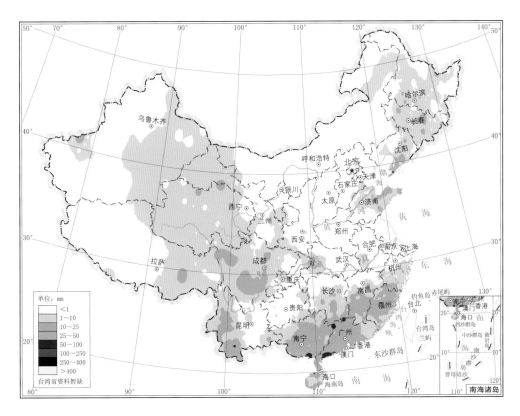

图 3.6.34　2015 年 9 月 2 日全国降水量分布图（单位：mm）

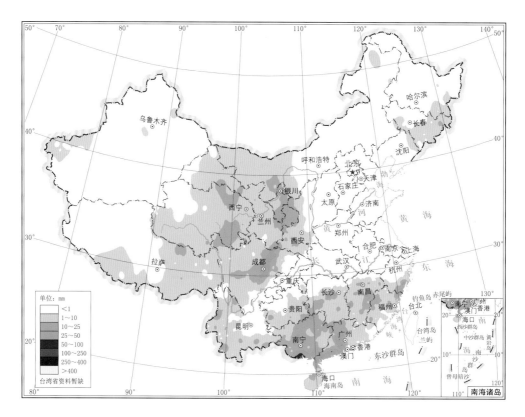

图 3.6.35　2015 年 9 月 3 日全国降水量分布图(单位:mm)

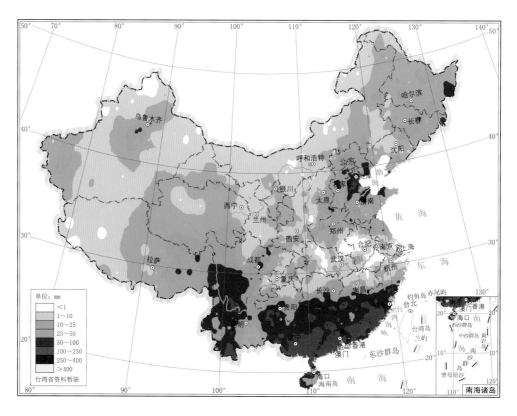

图 3.6.36　2015 年 8 月 28 日—9 月 3 日全国总降水量分布图(单位:mm)

3.7　9 月主要暴雨过程(No. 31—No. 34)

第 31 次主要暴雨过程(No. 31):9 月 5—8 日

9 月 5 日,500 hPa 青藏高原东侧有短波槽发展东移,黄淮及江淮地区也有短波槽活动,中低层西南地区东部有低涡切变发展,江淮及江汉地区气旋切变活动,受其影响,西南地区东部至长江中下游地区出现大范围降水,雨带中分布着三个暴雨中心,一个位于四川盆地中南部,局部出现大暴雨,一个位于湖北东部,局部大暴雨,另一个位于江苏南部(图 3.7.1);6 日,500 hPa 青藏高原东侧短波槽东移,中低层西南地区东部的低涡切变及江淮、江汉地区的切变也东移南压,受其影响,雨区整体东移南压,贵州中部至江南中部出现东西向暴雨带,贵州局部出现大暴雨(图 3.7.2);7—8 日,500 hPa 短波槽继续东移南压,中低层西南地区东部的低涡切变也继续东移南压,受其影响,雨带整体南压,暴雨主要出现在广西大部分地区及广东中西部地区,广西局部地区出现大暴雨(图 3.7.3—图 3.7.4)。图 3.7.5为此次暴雨过程总降水量分布。

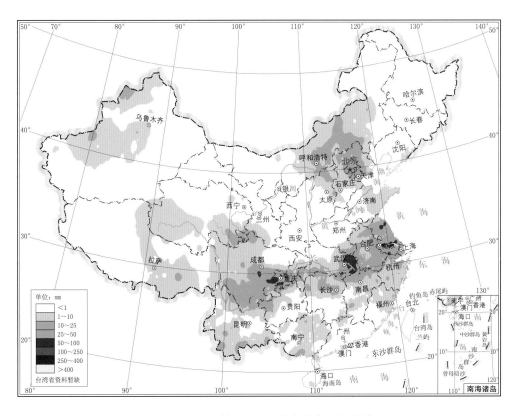

图 3.7.1　2015 年 9 月 5 日全国降水量分布图(单位:mm)

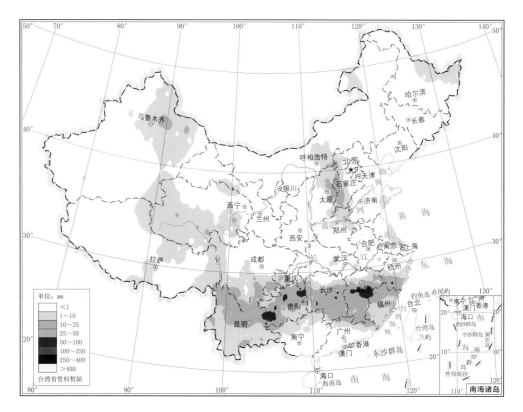

图 3.7.2　2015 年 9 月 6 日全国降水量分布图(单位:mm)

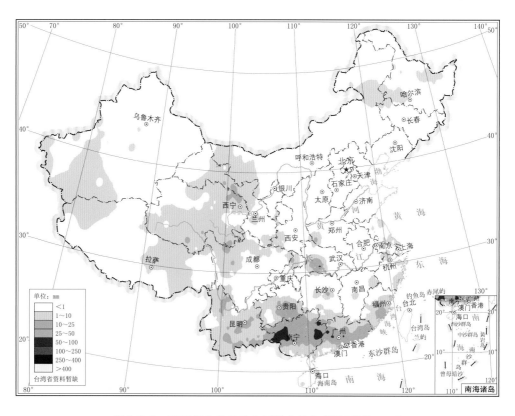

图 3.7.3　2015 年 9 月 7 日全国降水量分布图(单位:mm)

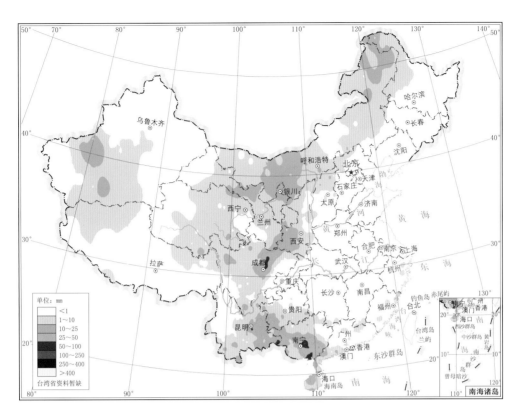

图 3.7.4　2015 年 9 月 8 日全国降水量分布图(单位:mm)

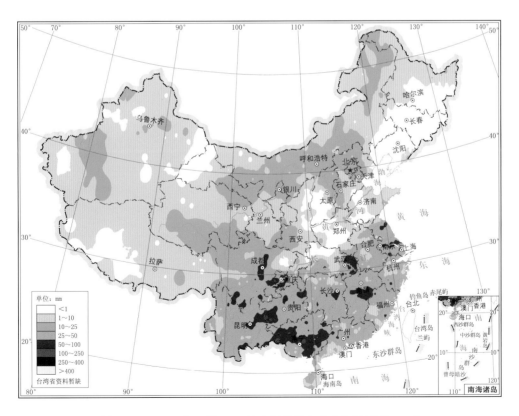

图 3.7.5　2015 年 9 月 5—8 日全国总降水量分布图(单位:mm)

第 32 次主要暴雨过程(No. 32):9 月 8—12 日

9 月 8 日,500 hPa 副热带高压控制我国江南华南大部分地区,青藏高原东侧处于副热带高压外围有低值扰动形成,中低层四川盆地有弱气旋性切变活动,受其影响,盆地西部出现降水,部分地区出现暴雨(图 3.7.4);9 日,500 hPa 副热带高压西伸北抬,西南地区大部分区域受副热带高压控制,高原东侧仍有低值扰动,中低层盆地切变有所加强并有低涡发展,受其影响,盆地西部暴雨范围扩大、强度加强,局部出现大暴雨(图 3.7.6);10 日,500 hPa 副热带高压继续西伸北抬,副热带高压控制下的四川盆地仍有低值扰动活动,中、低层盆地低涡切变缓慢东移,受其影响,雨带整体向东北方向移动,暴雨主要出现在盆地中北部和陕南,川东北局部出现大暴雨(图 3.7.7);11 日,500 hPa 副热带高压南压,位于副热带高压北侧的四川盆地有短波槽发展,中低层盆地低涡切变有所加强并东移南压,受其影响,雨带整体东移南压、范围扩大,暴雨主要出现在盆地中东部地区,川东局部出现大暴雨(图 3.7.8);12 日,500 hPa 副热带高压东退减弱,短波槽快速东移南压,中低层低涡切变也迅速东移南压,受其影响,雨带整体快速东移南压,暴雨主要出现在广西北部,局部地区出现大暴雨(图 3.7.9)。图 3.7.10 为此次暴雨过程总降水量分布。

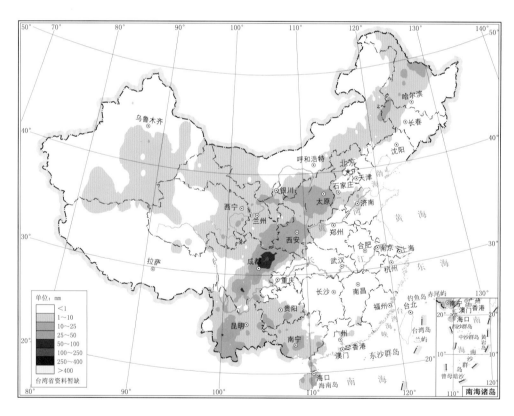

图 3.7.6　2015 年 9 月 9 日全国降水量分布图(单位:mm)

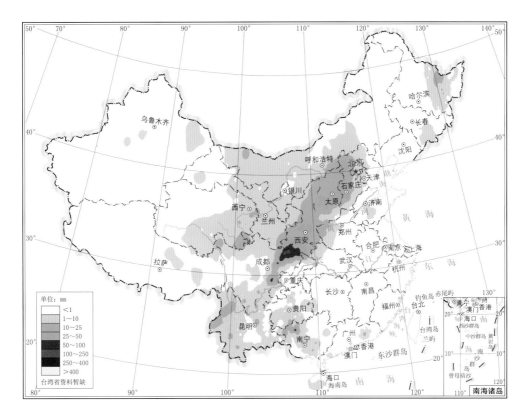

图 3.7.7　2015 年 9 月 10 日全国降水量分布图(单位:mm)

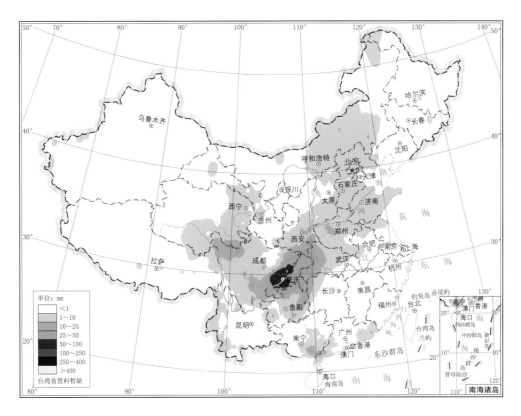

图 3.7.8　2015 年 9 月 11 日全国降水量分布图(单位:mm)

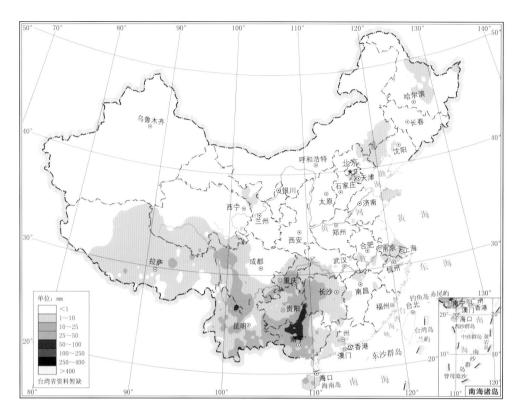

图 3.7.9　2015 年 9 月 12 日全国降水量分布图(单位:mm)

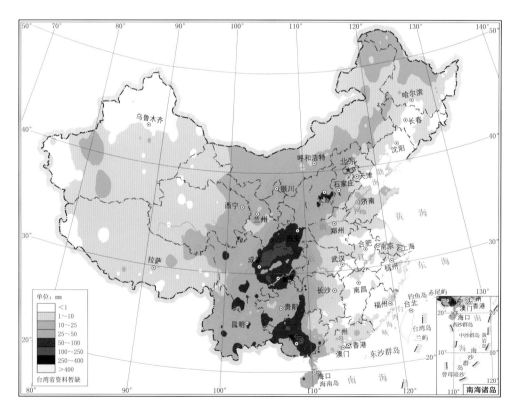

图 3.7.10　2015 年 9 月 8—12 日全国总降水量分布图(单位:mm)

第 33 次主要暴雨过程(No. 33):9 月 18—21 日

9 月 18 日,500 hPa 副热带高压加强西伸北抬,青藏高原东侧有短波槽发展,中低层四川盆地有低涡切变形成,受其影响,长江中上游地区出现降水,湖北西部部分地区出现暴雨(图 3.7.11);19 日,500 hPa 短波槽缓慢东移,中低层低涡切变缓慢东移南压,受其影响,降水区整体东移南压,重庆南部、湖南北部局部出现暴雨(图 3.7.12);20 日,500 hPa 副热带高压减弱东退,短波槽快速东移南压,中低层低涡切变也快速东移南压,受其影响,雨带整体东移南压,江南南部及华南大部分地区出现大范围降水,暴雨带从广西北部向东一直伸展到福建中部,局部地区出现大暴雨(图 3.7.13);21 日,500 hPa 短波槽及中低层低涡切变进一步东移南压,受其影响,雨带继续东移南压,暴雨主要出现在华南南部部分地区(图 3.7.14)。图 3.7.15 为此次暴雨过程总降水量分布。

第 34 次主要暴雨过程(No. 34):9 月 29—30 日

9 月 29 日,1521 号超强台风"杜鹃"(Dujuan)在强度减弱为强热带风暴后在福建莆田登陆,登陆后向西北偏西方向移动,当天下午在福建中部减弱为热带风暴,夜间进入江西省境内并减弱为热带低压,受其影响,江南东部、华南东部出现强降水,暴雨主要出现在东部沿海地区,福建、浙江沿海地区多站出现大暴雨(图 3.7.16);30 日,"杜鹃"在江西境内转向西北偏北方向移动,夜间在江西北部境内减弱消散,受其影响,雨区向西、向北扩展,黄淮南部、江淮地区、江南中东部出现大范围降水,暴雨主要出现在福建、浙江的沿海地区,山东东南部、江西和福建交界的南部地区也出现暴雨,福建、浙江、山东局部出现大暴雨,其中浙江镇海出现 276.2 mm 的特大暴雨(图 3.7.17)。图 3.7.18 为此次暴雨过程总降水量分布。

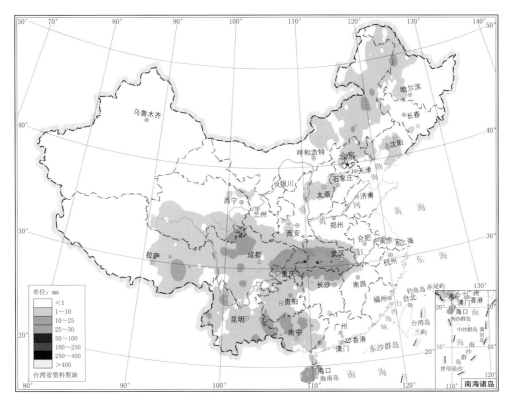

图 3.7.11　2015 年 9 月 18 日全国降水量分布图(单位:mm)

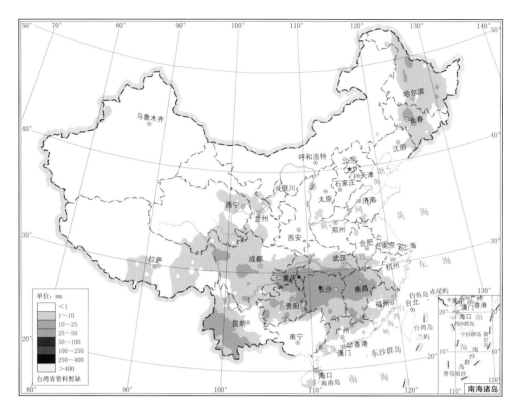

图 3.7.12　2015 年 9 月 19 日全国降水量分布图(单位:mm)

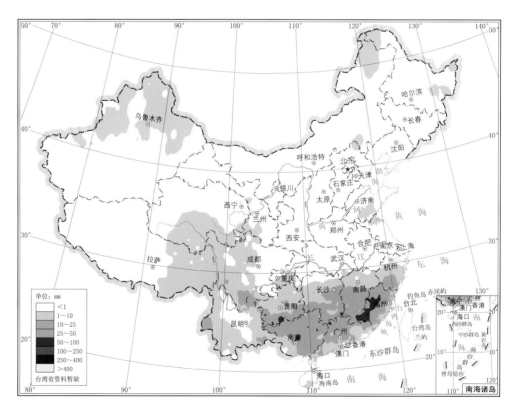

图 3.7.13　2015 年 9 月 20 日全国降水量分布图(单位:mm)

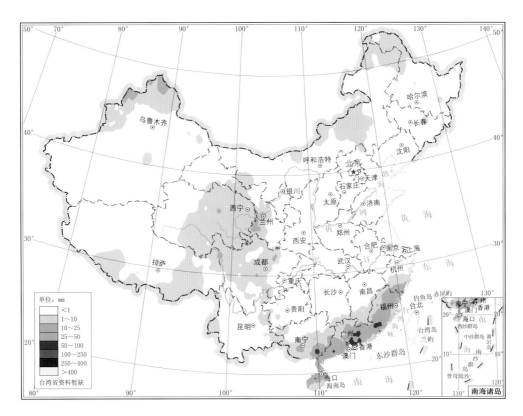

图 3.7.14　2015 年 9 月 21 日全国降水量分布图(单位:mm)

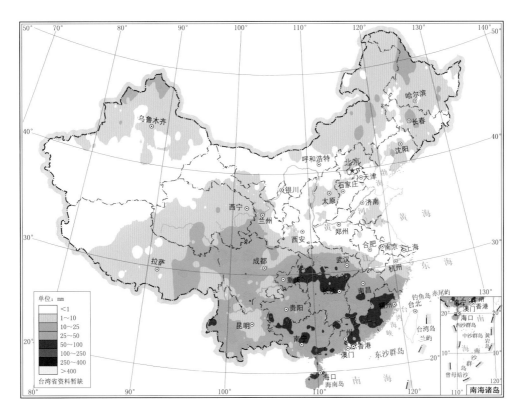

图 3.7.15　2015 年 9 月 18—21 日全国总降水量分布图(单位:mm)

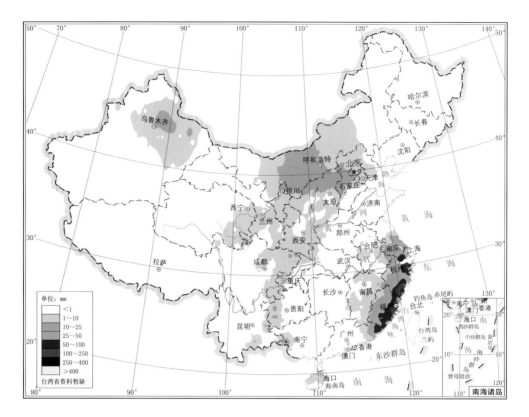

图 3.7.16 2015 年 9 月 29 日全国降水量分布图(单位:mm)

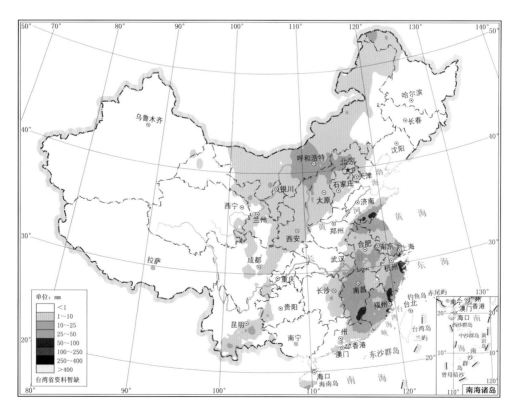

图 3.7.17 2015 年 9 月 30 日全国降水量分布图(单位:mm)

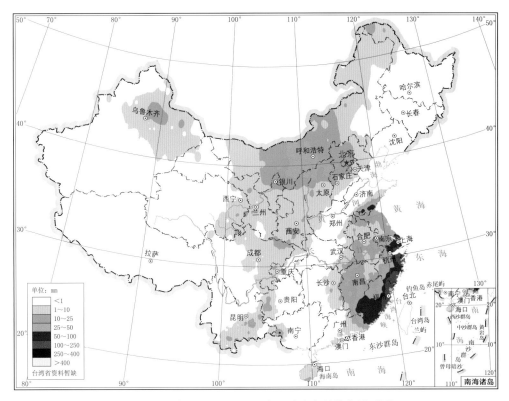

图 3.7.18　2015 年 9 月 29—30 日全国总降水量分布图(单位:mm)

3.8　10 月主要暴雨过程(No. 35—No. 36)

第 35 次主要暴雨过程(No. 35):10 月 4—7 日

10 月 4 日,1522 号超强台风"彩虹"(Mujigae)在广东湛江登陆,登陆后继续向西北方向移动,夜间进入广西东南部境内减弱为台风,受其影响,华南出现强降水,暴雨主要出现在广东西南部及海南北部部分地区,广东西南部共有 19 站出现大暴雨(图 3.8.1);5 日,"彩虹"减弱为强热带风暴,当天上午在广西南宁市境内减弱消散,受其影响,雨区范围向西北方向扩展,广东西部、广西东部出现大范围暴雨到大暴雨,广西金秀、广东南海分别出现335.5 mm、285.0 mm 的特大暴雨(图 3.8.2);6 日,"彩虹"减弱消散后,850 hPa 残留的气旋环流继续向西北方向移动进入贵州南部,受其影响,雨区向北扩展至长江中下游地区,从广东西南部至湖北中部出现了一条近南北向的暴雨带,广东西南部、广西东南部仍有部分地区出现大暴雨(图 3.8.3);7 日,850 hPa 的气旋环流继续向北偏东方向移动进入河南南部,受其影响,雨区整体向东偏北方向移动,暴雨主要出现在浙江、安徽、江西三省交界的地区,其他地区也有零散暴雨(图 3.8.4)。图 3.8.5 为此次暴雨过程总降水量分布。

第 36 次主要暴雨过程(No. 36):10 月 9—10 日

10 月 9 日,500 hPa 青藏高原南侧及印缅地区有南支短波槽发展,中低层印缅地区有低涡切变生成,受其影响,我国西南地区东部和南部出现降水,暴雨主要集中出现在云南中西部地区,共有 5 个站出现大暴雨(图 3.8.6);10 日,500 hPa 南支短波槽及中低层低涡切变缓慢东移,受其影响,雨区向东扩展至华南西部,云南部分地区出现暴雨(图 3.8.7)。图 3.8.8 为此次暴雨过程总降水量分布。

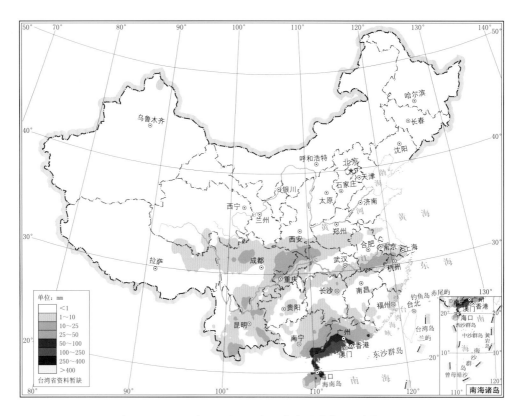

图 3.8.1　2015 年 10 月 4 日全国降水量分布图(单位:mm)

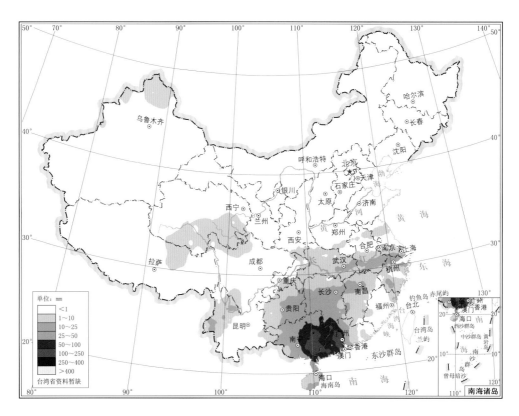

图 3.8.2　2015 年 10 月 5 日全国降水量分布图(单位:mm)

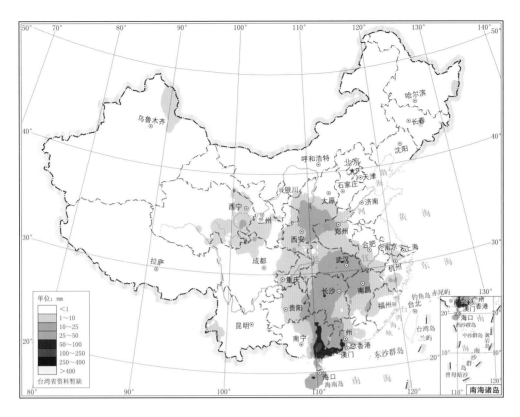

图 3.8.3　2015 年 10 月 6 日全国降水量分布图(单位:mm)

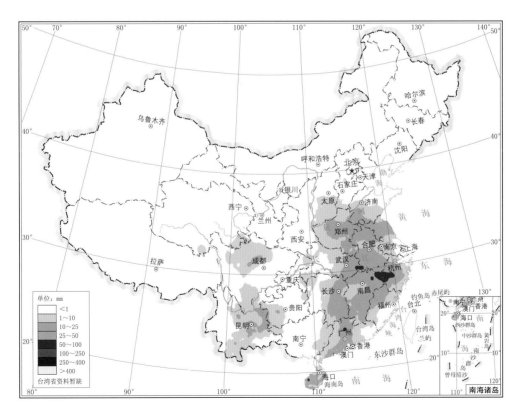

图 3.8.4　2015 年 10 月 7 日全国降水量分布图(单位:mm)

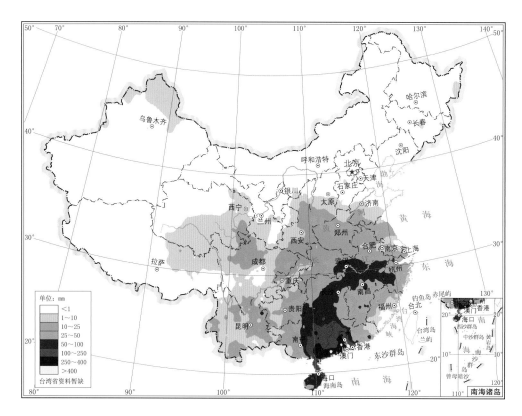

图 3.8.5　2015 年 10 月 4—7 日全国总降水量分布图(单位:mm)

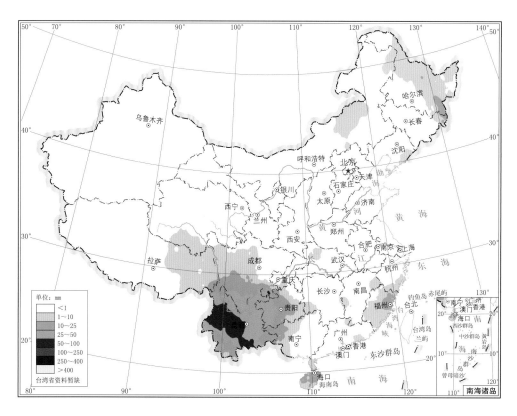

图 3.8.6　2015 年 10 月 9 日全国降水量分布图(单位:mm)

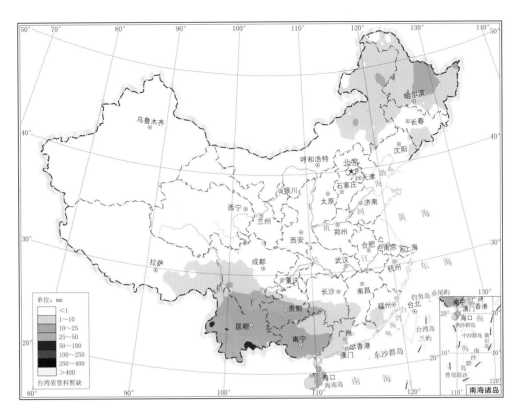

图 3.8.7　2015 年 10 月 10 日全国降水量分布图(单位:mm)

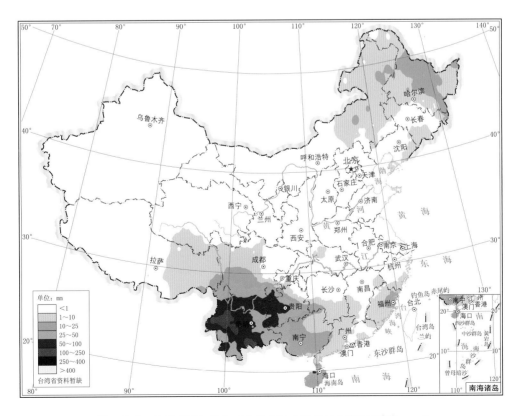

图 3.8.8　2015 年 10 月 9—10 日全国总降水量分布图(单位:mm)

3.9　11月主要暴雨过程(No. 37—No. 40)

第37次主要暴雨过程(No. 37):11月6—8日

11月6日,500 hPa河套地区至青藏高原东侧有短波槽发展,中低层河套地区至四川盆地有低涡切变生成,受其影响,华北地区及黄淮流域出现大范围降水,暴雨主要出现在河南中东部部分地区、江苏北部部分地区(图3.9.1);7日,500 hPa短波槽及中低层低涡切变东移南压,受其影响,雨区整体南压,湖北中部部分地区及江苏中部部分地区出现暴雨(图3.9.2);8日,500 hPa短波槽及中低层低涡切变继续东移南压,受其影响,雨区进行南压,沿广西—湖南—江西—浙江出现了一条东北—西南走向的雨带,两个暴雨中心分别位于广西、湖南交界的区域和江西北部至浙江西部的区域,局部有大暴雨(图3.9.3)。图3.9.4为此次过程总降水量分布。

第38次主要暴雨过程(No. 38):11月11—13日

11月11日,500 hPa四川盆地至云贵高原有西风短波槽东移南压,中低层江南地区至西南地区东部有低涡切变生成,受其影响,江南大部分地区、华南西部、贵州南部、云南南部出现大范围降水,但暴雨分布较为零散(图3.9.5);12日,500 hPa四川盆地至云贵高原又有西风短波槽补充东移南压,中低层江南地区低涡切变稳定维持,切变线的西端、云贵高原上空有低涡发展并快速东移南压,华南地区偏南暖湿气流明显发展,受其影响,雨区范围扩大,云南东南部至江西南部出现一条近东北—西南走向的暴雨带,桂东北和湘南共有15个

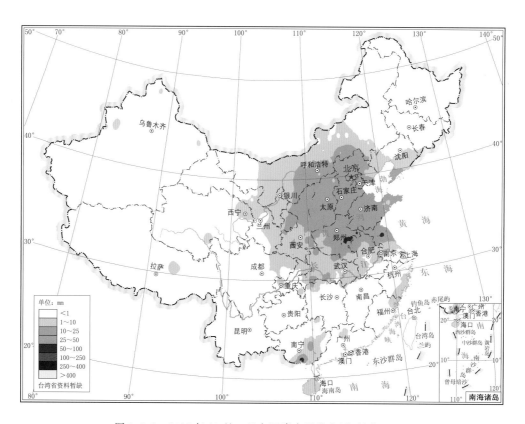

图 3.9.1　2015 年 11 月 6 日全国降水量分布图(单位:mm)

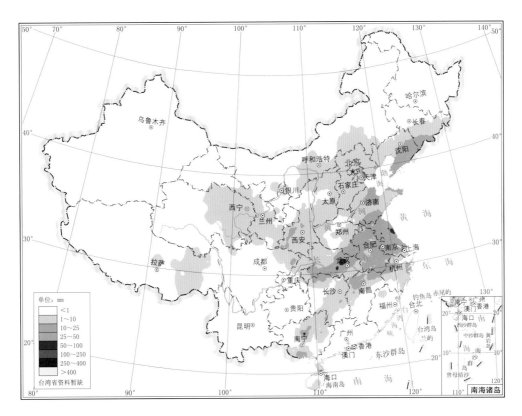

图 3.9.2　2015 年 11 月 7 日全国降水量分布图(单位:mm)

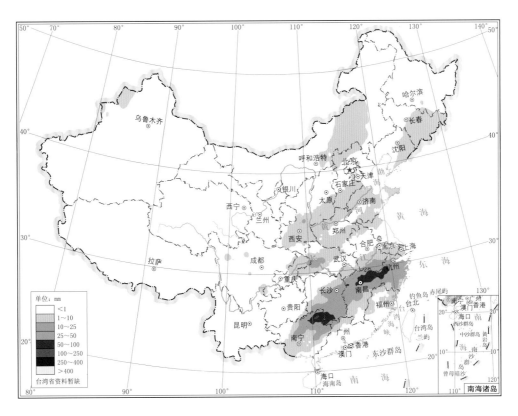

图 3.9.3　2015 年 11 月 8 日全国降水量分布图(单位:mm)

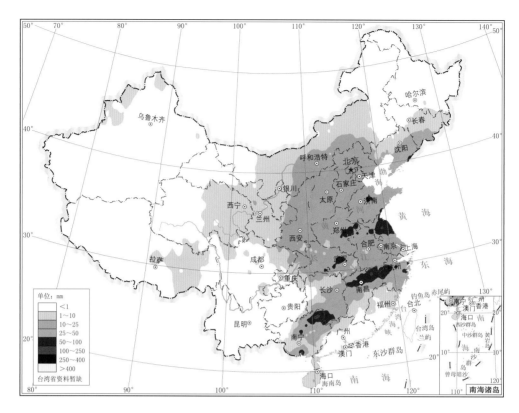

图 3.9.4　2015 年 11 月 6—8 日全国总降水量分布图(单位:mm)

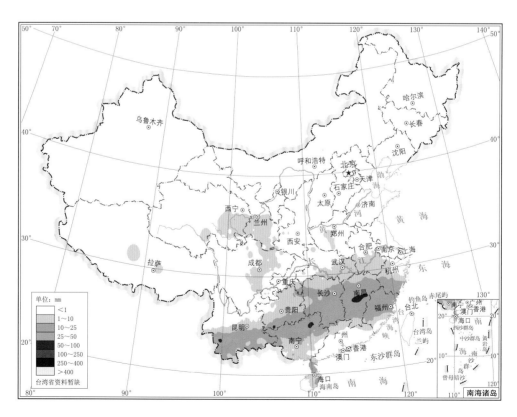

图 3.9.5　2015 年 11 月 11 日全国降水量分布图(单位:mm)

站出现大暴雨(图3.9.6);13日,500 hPa西风短波槽缓慢东移南压,中低层低涡切变也缓慢东移南压,受其影响,雨带整体东移南压,广西中部、广东西部及江西南部出现暴雨,局部出现大暴雨(图3.9.7)。图3.9.8为此次暴雨过程总降水量分布。

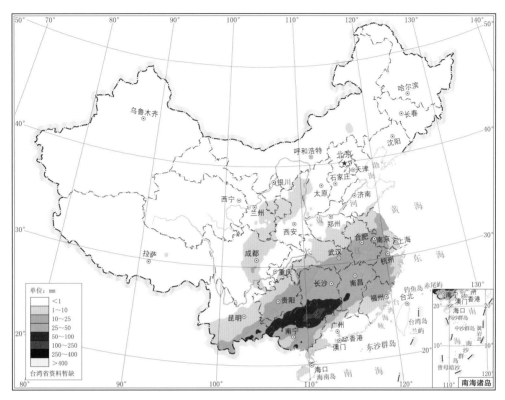

图 3.9.6　2015 年 11 月 12 日全国降水量分布图(单位:mm)

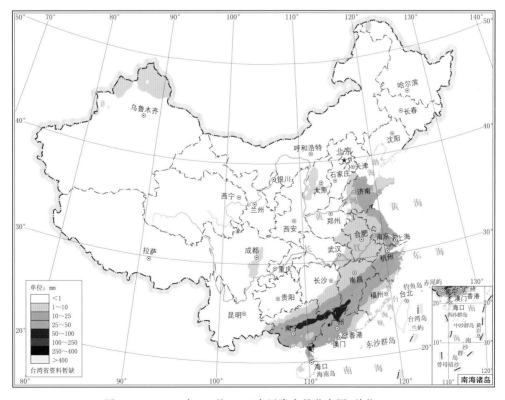

图 3.9.7　2015 年 11 月 13 日全国降水量分布图(单位:mm)

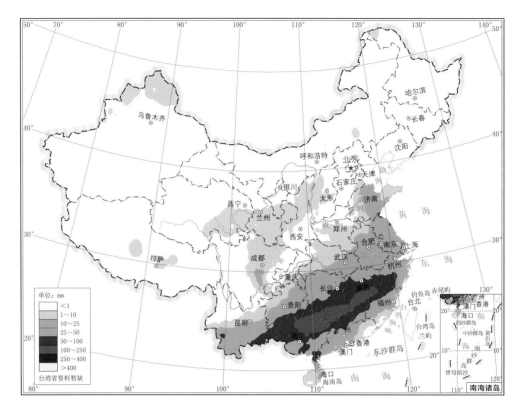

图 3.9.8　2015 年 11 月 11—13 日全国总降水量分布图（单位：mm）

第 39 次主要暴雨过程（No. 39）：11 月 16—17 日

11 月 16 日，500 hPa 西南地区东部有西风短波槽发展东移，中低层黄淮流域至西南地区东部有低涡切变活动，受其影响，江南大部分地区、华南北部出现大范围降水，暴雨主要出现在江南南部，局部大暴雨（图 3.9.9）；17 日，500 hPa 西风短波槽东移北收，中低层江南北部有暖式切变发展，受其影响，雨带整体北抬，暴雨主要出现在湖南中东部及江西、福建交界的北部地区，浙江部分地区也出现暴雨（图 3.9.10）。图 3.9.11 为此次暴雨过程总降水量分布。

第 40 次主要暴雨过程（No. 40）：11 月 20—21 日

11 月 20 日，500 hPa 云贵高原上空有西风短波槽发展东移，中低层云贵高原有切变线发展东移，受其影响，华南西部、江南中西部出现降水，暴雨主要出现在广西北部及湖南西南部部分地区，广西北部局部出现大暴雨（图 3.9.12）；21 日，500 hPa 短波槽及中低层切变线东移南压，受其影响，降水东移，范围减小、强度减弱，华南南部局部出现暴雨（图 3.9.13）。图 3.9.14 为此次暴雨过程总降水量分布。

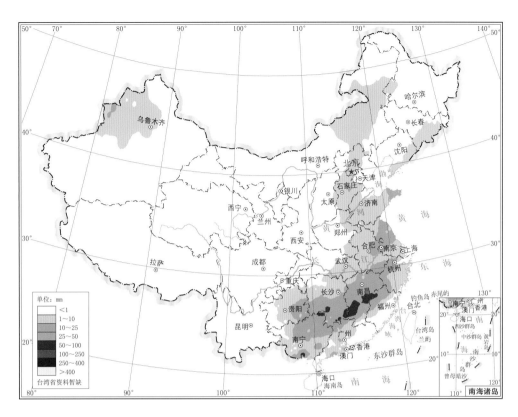

图 3.9.9　2015 年 11 月 16 日全国降水量分布图(单位:mm)

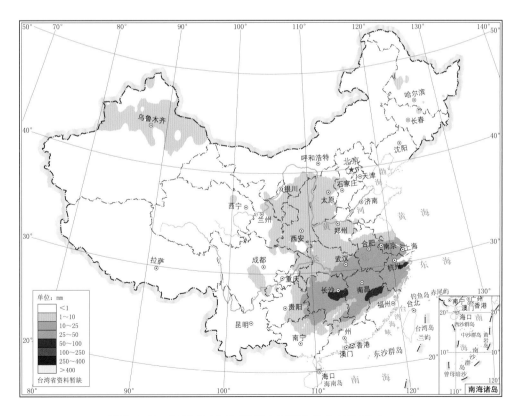

图 3.9.10　2015 年 11 月 17 日全国降水量分布图(单位:mm)

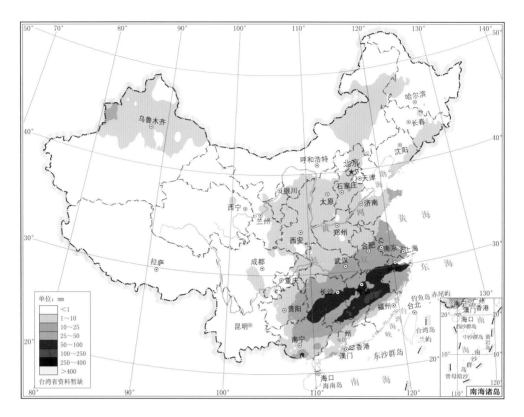

图 3.9.11　2015 年 11 月 16—17 日全国总降水量分布图(单位:mm)

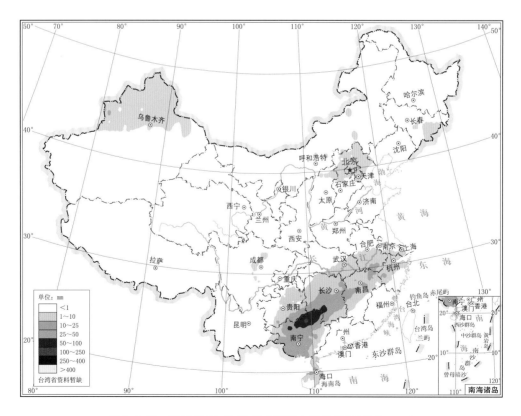

图 3.9.12　2015 年 11 月 20 日全国降水量分布图(单位:mm)

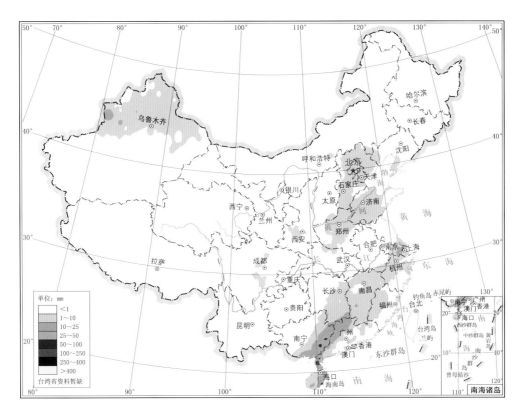

图 3.9.13　2015 年 11 月 21 日全国降水量分布图(单位:mm)

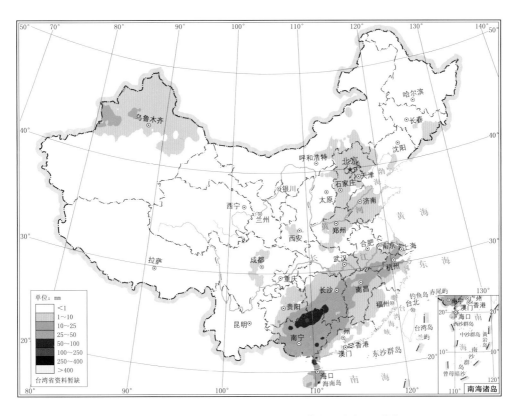

图 3.9.14　2015 年 11 月 20—21 日全国总降水量分布图(单位:mm)

3.10　12月主要暴雨过程(No. 41)

第 41 次主要暴雨过程(No. 41)：12 月 9 日

12 月 9 日,500 hPa 华北至西南地区东部有西风槽东移发展,中低层长江中下游地区至西南地区东部有切变线形成,华南及沿海地区偏南暖湿气流明显发展,受其影响,华南及江南南部出现大范围降水,广东大部分地区、福建南部、江西南部部分地区出现大范围暴雨,局部地区出现大暴雨(图 3.10.1)。

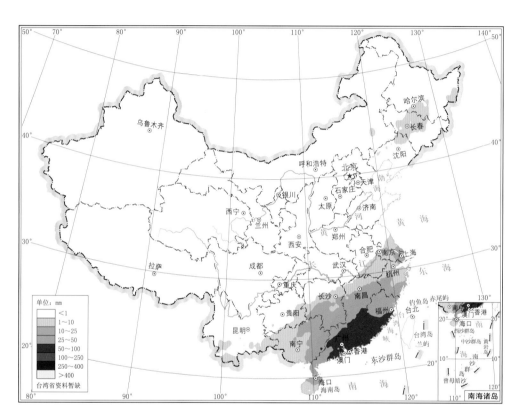

图 3.10.1　2015 年 12 月 9 日全国降水量分布图(单位:mm)

第 4 章　重大暴雨事件

在本年度内遴选出 10 次降水强度大、范围广、影响显著的暴雨天气过程作为年度重大暴雨事件(详见表 4.1)。这 10 次重大暴雨事件分别发生在 2015 年 5—11 月,其中 5 月 2 次,6 月 1 次,7 月 2 次,8 月 2 次,9—11 月各 1 次。下面分别对 10 次重大暴雨事件从雨情、灾情及天气形势等几个方面进行简要分析,并给出过程高空环流形势图及地面天气图。

表 4.1　2015 年度全国重大暴雨事件纪要表

序号	时间	过程天数(d)	简称	雨带移动趋势	主要影响省(自治区、直辖市)	主要天气影响系统	直接经济损失(亿元)
1	5 月 14—17 日	4	南方暴雨	南压	浙江、安徽、江西、湖北、湖南、广东、广西、重庆、贵州	西南低涡低层切变线	15.7
2	5 月 18—21 日	4	南方暴雨	南压	福建、江西、湖南、广东、广西、贵州	低涡切变线	76.4
3	6 月 27 日—7 月 6 日	10	南方暴雨	南压	重庆、江苏、安徽、河南、四川、陕西、湖北、湖南、江西、贵州、云南、福建、浙江	西南低涡低层切变线	132.2
4	7 月 11—13 日	3	华东暴雨(超强台风"灿鸿"暴雨)	北移	浙江、上海、江苏、安徽、山东	1509 号超强台风"灿鸿"(Chan-hom)	95.5
5	7 月 22—29 日	8	南方暴雨	东移南压	重庆、安徽、湖北、湖南、江西、广东、广西、云南	西南低涡低层切变线	37.4
6	8 月 8—11 日	4	华东暴雨(超强台风"苏迪罗"暴雨)	北移	浙江、福建、安徽、江苏、江西	1513 号超强台风"苏迪罗"(Soudelor)	242.5
7	8 月 17—20 日	4	西南暴雨	东移南压	四川、重庆、贵州、云南、湖北、湖南	西南低涡低层切变线	22.1
8	9 月 29—30 日	2	华东暴雨(超强台风"杜鹃"暴雨)	西北移	浙江、福建、江苏、山东	1521 号超强台风"杜鹃"(Dujuan)	27.4
9	10 月 4—7 日	4	华南暴雨(超强台风"彩虹"暴雨)	西北移	广东、广西、海南	1522 号超强台风"彩虹"(Mujigae)	300.1
10	11 月 6—21 日	16	江南及华南连续暴雨	南压	湖南、江西、浙江、福建、广西、云南	西南低涡低层切变线	10.4

4.1　5月14—17日南方暴雨

4.1.1　雨情灾情分析

这是2015年第6次主要暴雨过程(No.6)。此次由西南低涡和低层切变线造成的南方暴雨过程共持续4 d。5月14—17日,50 mm以上总降水量主要位于江汉东部、江淮部分地区、江南中东部及华南中部地区,100 mm以上总降水量主要分布在赣东北、浙西南、桂东北及粤西南沿海,过程累计最大降水量出现在广东阳江,达到267 mm(见图3.3.16)。

此次南方暴雨过程具有持续时间较长、影响范围较广的特点。受这次暴雨过程的影响,浙江、安徽、江西、湖北、湖南、广东、广西、重庆和贵州9省(自治区、直辖市)共294.9万人受灾,15人死亡,5人失踪,3.8万人紧急转移安置,3000余间房屋倒塌,1.8万间房屋不同程度损坏,农作物受灾 1.886×10^5 hm²,因灾直接经济损失15.7亿元。

4.1.2　天气形势及降水分析

5月14日,500 hPa四川盆地有南支短波槽东移至长江中游地区,中低层江淮地区有切变线发展,受其影响,江南北部出现降水,暴雨主要出现在江西北部至浙江西部;15日(图4.1.1),500 hPa高原东侧又有短波槽东移发展,中低层四川盆地有西南低涡沿切变东移至

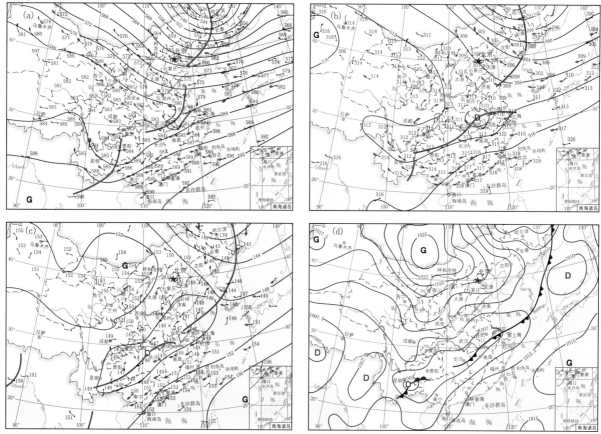

图4.1.1　2015年5月15日08时高空环流形势图及地面天气图

(a) 500 hPa,(b) 700 hPa,(c) 850 hPa,(d) 地面

江淮地区,江南、华南低空急流明显发展,受其影响,长江流域、江南、华南北部出现大范围强暴雨,多地出现大暴雨(图 3.3.13);16—17 日,500 hPa 云贵高原上空有短波槽继续东移,中低层切变线东移南压,低空急流有所减弱,受其影响,雨带整体东移南压,暴雨带主要出现在华南南部至江南东部,广东沿海局部出现大暴雨(图 3.3.14—图 3.3.15)。这次过程总降水量见图 3.3.16。

4.2　5 月 18—21 日南方暴雨

4.2.1　雨情灾情分析

这是 2015 年第 7 次主要暴雨过程(No.7)。此次由低涡切变线造成的南方暴雨过程共持续 4 d。5 月 18—21 日,50 mm 以上总降水量主要集中在贵州南部、江南南部及华南大部,100 mm 以上总降水量主要分布在江南南部和华南北部,过程累计最大降水量出现在广东海丰,达到 646 mm(见图 3.3.21)。

此次南方暴雨过程具有特大暴雨站次多、过程累积雨量大、灾情较为严重等特点。5 月 20 日,广东连州日降水量(204.6 mm)突破当地 54 a(1961—2014 年)的历史纪录。受这次暴雨过程的影响,福建、江西、湖南、广东、广西和贵州 6 省(自治区)共 370.6 万人受灾,35 人死亡,13 人失踪,30.4 万人紧急转移安置,1.5 万间房屋倒塌,4.3 万间不同程度损坏,农作物受灾 215.6×10³ hm²,因灾直接经济损失 76.4 亿元,其中福建受灾最为严重,直接经济损失 30.6 亿元,其次为江西 13.6 亿元。

4.2.2　天气形势及降水分析

5 月 18 日,500 hPa 青藏高原东侧有南支短波槽东移至江南、华南地区,中低层江淮地区至贵州有切变线发展,受其影响,江南大部分地区至华南北部出现大范围降水,暴雨分布较为零散(图 3.3.17);19 日(图 4.2.1),500 hPa 短波槽东移南压,中低层切变线随之东移南压,850 hPa 湖南上空有低涡发展并沿切变线东移,受其影响,雨带东移南压,暴雨主要出现在江西南部和福建中部,部分地区出现大暴雨,其中福建宁化、清流分别出现了 286.0 mm 和 367.9 mm 的特大暴雨(图 3.3.18);20 日,500 hPa 云贵高原上空有短波槽东移至华南地区,中低层槽前有低涡生成并沿切变线东移南压,受其影响,贵州南部、江南南部、华南地区出现大范围降水,暴雨带从贵州南部一直伸展到广东东部沿海,多站出现大暴雨,其中广东海丰、陆丰和广西永福分别出现了 473.1 mm、402.5 mm 和 269.6 mm 的特大暴雨(图 3.3.19);21 日,500 hPa 华南上空短波槽快速东移,中低层低涡切变也快速东移南压,受其影响,雨带东移减弱,江西南部局部出现暴雨(图 3.3.20)。这次过程总降水量见图 3.3.21。

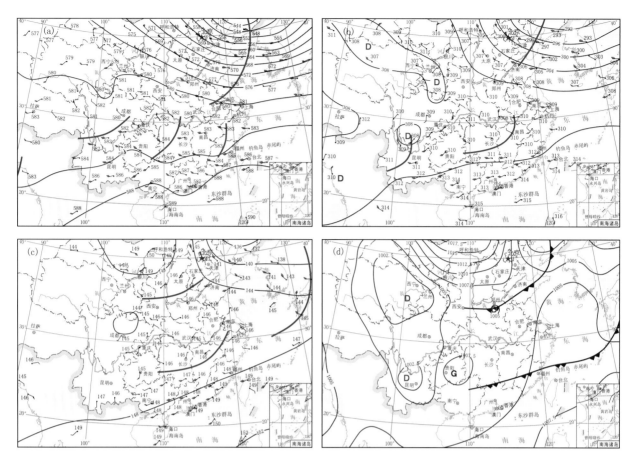

图 4.2.1　2015 年 5 月 19 日 08 时高空环流形势图及地面天气图
(a) 500 hPa,(b) 700 hPa,(c) 850 hPa,(d) 地面

4.3　6月27日—7月6日南方暴雨

4.3.1　雨情灾情分析

这是 2015 年第 17 次主要暴雨过程(No.17)。此次由西南低涡和低层切变线造成的南方暴雨过程共持续 10 d。6 月 27 日—7 月 6 日,50 mm 以上总降水量主要分布在黄淮南部、江淮地区、江南地区、华南西部及西南地区东部,100 mm 以上总降水量主要集中在江淮、江南、华南西北部及西南东部部分地区,过程累计最大降水量出现在江苏江阴,达到 455 mm(见图 3.4.40)。

此次南方暴雨过程具有持续时间长、影响范围广、灾情严重等特点。6 月 27 日,江苏金坛(274.6 mm)、常州(243.6 mm)、江阴(243.5 mm)及海门(201.5 mm)的日降水量均突破当地 54 a(1961—2014 年)的历史纪录。受这次暴雨过程的影响,江苏、四川、安徽、重庆、河南、陕西、湖北、湖南、江西、福建、浙江、贵州和云南 13 省(自治区、直辖市)共 1008.3 万人受灾,38 人死亡,21 人失踪,45.9 万人紧急转移安置,1.9 万间房屋倒塌,13.3 万间不同程度损坏,农作物受灾 8.139×10^5 hm²,因灾直接经济损失 132.2 亿元,其中江苏受灾最为严重,直接经济损失 32.9 亿元,其次为四川 23.8 亿元。

4.3.2　天气形势及降水分析

6 月 27 日,500 hPa 副热带高压西伸北抬,青藏高原东侧有短波槽发展,我国东部沿海有西风槽活动,700 hPa 甘肃南部有低涡生成,黄淮流域有切变线活动,850 hPa 四川盆地有西南低涡生成,江淮地区有切变线活动,受其影响,川东北出现小范围暴雨,同时河南、安徽、江苏出现大范围强降水,河南南部至江苏南部出现近东西向暴雨带,安徽中部至江苏南部出现大暴雨带,暴雨中心出现在江苏南部的江南地区,多站出现 200 mm 以上的降水,其中金坛出现 274.6 mm 的特大暴雨(图 3.4.30);28—29 日,500 hPa 副热带高压加强,高原东侧短波槽停滞少动,沿海西风槽缓慢东移,中低层低涡切变维持少动,受其影响,川东北暴雨区略向东偏北方向移动,局地出现大暴雨,江淮流域暴雨带缓慢南压,范围减小、强度减弱,安徽、江苏局地仍有大暴雨(图 3.4.31,图 3.4.32);30 日(图 4.3.1),500 hPa 副热带高压减弱东退,青藏高原东侧短波槽东移发展,中低层低涡切变仍维持在四川盆地至江淮流域,受其影响,四川盆地至江淮流域降水加强,雨带中出现两个暴雨区,一个位于重庆及周边地区,另一个位于安徽中部至江苏中部,局地出现大暴雨(图 3.4.33);7 月 1 日,500 hPa 西风短波槽东移南压,中低层低涡切变随之东移南压至江南北部,受其影响,雨带整体东移南压,雨带中的两个暴雨区分别移至贵州、湖南交界处和江西、浙江交界处,局地

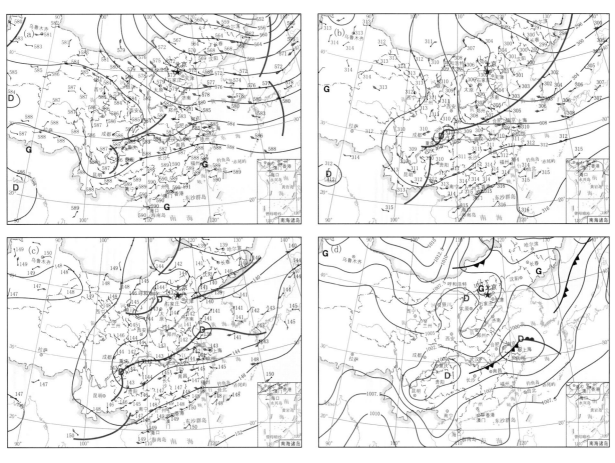

图 4.3.1　2015 年 6 月 30 日 08 时高空环流形势图及地面天气图

(a) 500 hPa,(b) 700 hPa,(c) 850 hPa,(d) 地面

出现大暴雨(图3.4.34);7月2—3日,500 hPa西风短波槽继续东移南压,同时在西南地区东部又有南支槽不断发展东移,中低层低涡切变继续缓慢东移南压,受其影响,雨带整体东移南压,广西北部至福建北部出现暴雨带,多站出现大暴雨(图3.4.35,图3.4.36);7月4日,500 hPa西风短波槽继续东移,同时云贵高原上空又有南支槽不断发展东移,中低层低涡切变继续维持在华南西部至江南一线,受其影响,雨带总体位置变化不大,暴雨主要出现在云南东部、广西大部分地区和湖南南部,部分站点出现大暴雨(图3.4.37);7月5—6日,500 hPa西风短波槽东移减弱,中低层低涡切变东移南压、不断减弱,受其影响,雨带不断东移南压、强度减弱、范围缩小,暴雨主要出现在华南南部部分地区和浙江中北部地区(图3.4.38,图3.4.39)。这次过程总降水量见图3.4.40。

4.4　7月11—13日华东暴雨(超强台风"灿鸿"暴雨)

4.4.1　雨情灾情分析

这是2015年第19次主要暴雨过程(No.19)。此次由1509号超强台风"灿鸿"(Chan-hom)造成的华东暴雨过程共持续3 d。7月11—13日,50 mm以上总降水量主要分布在浙江东北部、长江三角洲地区、山东半岛东部沿海及东北东部部分地区,100 mm以上总降水量主要集中在浙江东北部沿海地区及山东半岛东部沿海地区,过程累积最大降水量出现在浙江定海,达307 mm(见图3.5.7)。

超强台风"灿鸿"(Chan-hom)具有强度大、移速快的特点,虽然没有在我国登陆,但在浙江省沿海近距离擦肩北上,依然给浙江省造成严重灾害。7月11日,浙江定海日降水量(267.7 mm)突破当地54 a(1961—2014年)的历史纪录。受这次台风暴雨过程的影响,浙江、上海、江苏、安徽和山东5省(直辖市)共379.7万人受灾,145.5万人紧急转移安置,1000余间房屋倒塌,7200余间不同程度损坏,农作物受灾2.93×10^4 hm²,因灾直接经济损失95.9亿元,其中浙江受灾最为严重,直接经济损失91.0亿元。

4.4.2　天气形势及降水分析

7月11日(图4.4.1),1509号超强台风"灿鸿"(Chan-hom)沿我国东部海岸线向偏北方向移动,强度由超强台风减弱为强台风,下午"灿鸿"在浙江舟山沿海擦肩而过,当晚在杭州湾附近减弱为台风,受其影响,江南东北部地区出现强降水,暴雨主要出现在浙江东部及长江三角洲地区,浙江东北部有15个站出现大暴雨,其中定海、象山分别出现267.7 mm和303.5 mm的特大暴雨(图3.5.4);12日,"灿鸿"继续向偏北方向移动,并在黄海海域减弱为强热带风暴,受其影响,江苏东部、山东半岛出现降水,强降水集中在山东半岛东部,有5个站出现大暴雨(图3.5.5);13日,"灿鸿"在朝鲜西北部沿海登陆,登陆后强度迅速减弱并消散,受其影响,吉林东部、黑龙江东部部分地区出现暴雨,局部大暴雨(图3.5.6)。这次过程总降水量见图3.5.7。

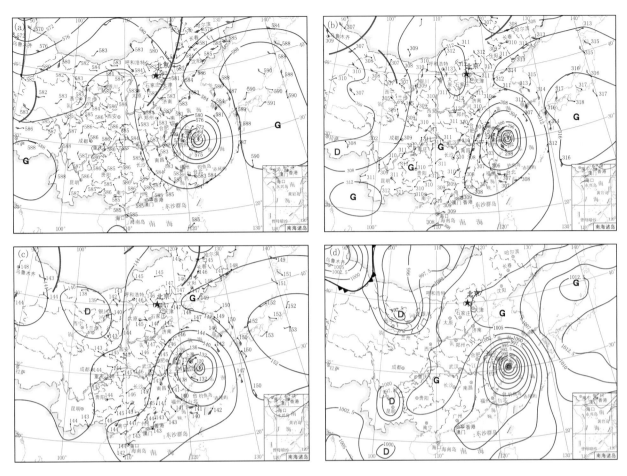

图 4.4.1　2015 年 7 月 11 日 20 时高空环流形势图及地面天气图

(a) 500 hPa,(b) 700 hPa,(c) 850 hPa,(d) 地面

4.5　7月22—29日南方暴雨

4.5.1　雨情灾情分析

　　这是 2015 年第 22 次主要暴雨过程(No.22)。此次由西南低涡和低层切变线造成的南方暴雨过程共持续 8 d。7 月 22—29 日,50 mm 以上总降水量覆盖了我国南方大部分地区,100 mm 以上总降水量主要集中在华南西部,广西沿海累计降水量均超过 400 mm,过程累计最大降水量出现在广西东兴,达 910 mm(见图 3.5.26)。

　　此次南方暴雨过程具有持续时间长、影响范围广、过程累计雨量大等特点。7 月 23 日,湖北仙桃日降水量(217.9 mm)突破当地 54 a(1961—2014 年)的历史纪录。受这次暴雨过程的影响,重庆、安徽、湖北、湖南、江西、广东、广西和云南 8 省(自治区、直辖市)共 414.1 万人受灾,13 人死亡,3 人失踪,18.3 万人紧急转移安置,4000 余间房屋倒塌,2.3 万间不同程度损坏,农作物受灾 3.155×10^5 hm²,因灾直接经济损失 37.4 亿元,其中安徽受灾最为严重,直接经济损失 21.7 亿元。

4.5.2　天气形势及降水分析

22日,500 hPa青藏高原东侧有短波槽东移至西南地区东部,中低层四川盆地有西南低涡发展,受其影响,西南地区东部出现降水,暴雨主要出现在重庆南部及其周边地区,局地有大暴雨(图3.5.17);23日(图4.5.1),500 hPa华北西部低槽加深并向南伸展至贵州,中低层西南低涡及切变东移发展,华南、江南低空急流加强,受其影响,雨区迅速向东扩展,江淮西部、江汉东部、江南、华南、西南南部出现大范围降水,雨区中出现两条暴雨带,一条位于华南,呈东西向分布,其中广东澄海出现339.8 mm的特大暴雨,另一条从安徽南部经湖北东部至湖南西部,呈东北—西南走向分布,鄂东北多站出现大暴雨(图3.5.19);24日,500 hPa西风槽缓慢东移,中低层低涡切变呈东北—西南走向缓慢东移,受其影响,雨区整体向东,暴雨带从江淮流域一直伸展到华南地区,其中安徽南部多站出现大暴雨(图3.5.20);25日,500 hPa西风槽和中低层低涡切变东移缓慢,受其影响,雨带位置整体维持少动,但雨区范围减小,暴雨强度减弱,广西沿海局部出现大暴雨(图3.5.21);26日,500 hPa西风槽底部有切断低压在贵州北部形成,中低层广西西部有低涡切变活动,受其影响,广西出现较为分散的暴雨,但沿海地区有4个站出现大暴雨(图3.5.22);27日,500 hPa切断低压缓慢向西北方向移动至四川盆地,中低层广西西部切变略有西移,受其影响,广西中

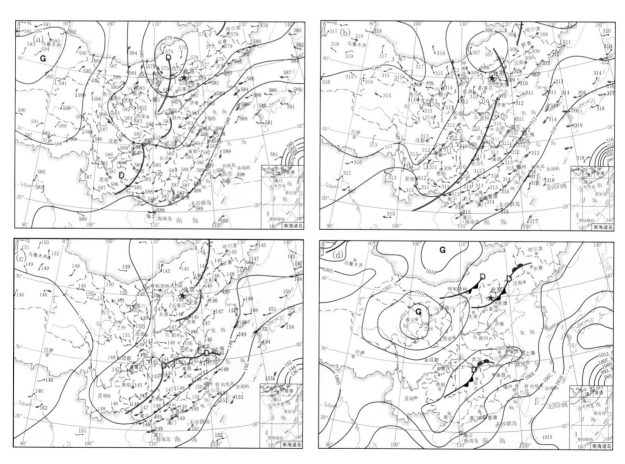

图4.5.1　2015年7月23日08时高空环流形势图及地面天气图

(a) 500 hPa,(b) 700 hPa,(c) 850 hPa,(d) 地面

部出现一条南北向暴雨带,南部沿海地区出现大暴雨,其中东兴出现 267.2 mm 的特大暴雨(图 3.5.23);28 日,500 hPa 四川盆地低涡继续向西偏南方向移动,中低层广西西部切变维持少动,受其影响,雨区整体向西扩展至云南南部,但暴雨主要出现在广西西南部地区,其中东兴再次出现 318.8 mm 的特大暴雨(图 3.5.24);29 日,500 hPa 低涡继续向西南方向移动,中低层广西西部切变缓慢西移,受其影响,降水主要出现在广西、云南,暴雨较为零散,但广西沿海仍有 4 个站出现大暴雨(图 3.5.25)。这次过程总降水量见图 3.5.26。

4.6　8月8—11日华东暴雨(超强台风"苏迪罗"暴雨)

4.6.1　雨情灾情分析

这是 2015 年第 26 次主要暴雨过程(No.26)。此次由 1513 号超强台风"苏迪罗"(Soudelor)造成的华东暴雨过程共持续 4 d。8 月 8—11 日,50 mm 以上总降水量主要分布在江淮地区及江南中东部地区,100 mm 以上总降水量主要集中在江淮东部及江南东部,过程累计最大降水量出现在福建罗源,达 502 mm(见图 3.6.13)。

超强台风"苏迪罗"(Soudelor)具有生命期长、深入内陆影响范围广、带来的风大雨强、造成的灾害特别严重等特点。受这次台风暴雨过程的影响,浙江、福建、安徽、江苏和江西 5 省共 824.0 万人受灾,28 人死亡,5 人失踪,105.8 万人紧急转移安置,1.2 万间房屋倒塌,14.8 万间不同程度损坏,农作物受灾 5.36×10^4 hm^2,因灾直接经济损失 242.5 亿元,其中浙江受灾最为严重,直接经济损失 110.8 亿元,其次为福建 78.8 亿元。

4.6.2　天气形势及降水分析

8 月 8 日(图 4.6.1),1513 号超强台风"苏迪罗"(Soudelor)先后在台湾莲花和福建莆田登陆,第二次登陆后强度减弱为强热带风暴,并转向西北偏西方向移动,受其影响,福建北部和浙江南部出现强降水,暴雨主要出现在福建北部沿海和浙江南部部分地区,福建北部沿海多站出现大暴雨,其中福州郊区和罗源分别出现 318.5 mm 和 270.4 mm 的特大暴雨(图 3.6.8);9 日,"苏迪罗"在福建中部减弱为热带风暴并转向西北方向移动进入江西境内,夜间减弱为热带低压并转向北移动,受其影响,江南大部分地区、江淮西部出现大范围强降水,暴雨主要出现在福建、浙江及安徽南部,福建东北部、浙江东南部出现大面积大暴雨,其中福建周宁、柘荣分别出现 307.3 mm、265.3 mm 的特大暴雨,另外,江西、湖南局部也出现暴雨,其中江西庐山出现了 284 mm 的特大暴雨(图 3.6.10);10 日,"苏迪罗"进入安徽境内并折向东北方向移动,夜间进入江苏省境内,受其影响,雨区整体向北移动,江淮流域出现大面积暴雨到大暴雨,其中江苏大暴雨 18 站,其他地区暴雨较为分散(图 3.6.11);11 日,"苏迪罗"进入黄海海域后转向偏东方向,受其影响,江苏中部部分地区出现暴雨到大暴雨(图 3.6.12)。这次过程总降水量见图 3.6.13。

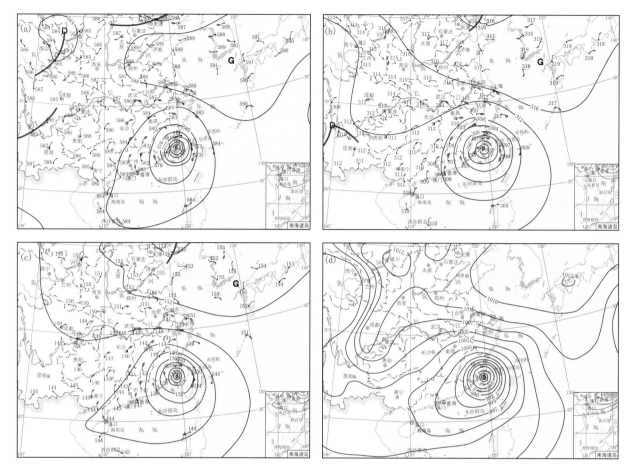

图 4.6.1　2015 年 8 月 8 日 20 时高空环流形势图及地面天气图
(a) 500 hPa,(b) 700 hPa,(c) 850 hPa,(d) 地面

4.7　8月17—20日西南暴雨

4.7.1　雨情灾情分析

这是 2015 年第 28 次主要暴雨过程(No.28)。此次由西南低涡和低层切变线造成的西南暴雨过程共持续 4 d。8 月 17—20 日,50 mm 以上总降水量主要分布在西南地区东部及淮河流域,100 mm 以上总降水量主要集中在四川盆地中部,过程累计最大降水量出现在四川高坪,达 246 mm(见图 3.6.24)。

此次西南暴雨过程具有持续时间较长、影响范围较广、灾情较为严重等特点。8 月 17 日,四川高坪日降水量(192.7 mm)突破当地 54 a(1961—2014 年)的历史纪录;8 月 18 日,贵州金沙日降水量(152.1 mm)突破当地 54 a(1961—2014 年)的历史纪录。受这次暴雨过程的影响,四川、重庆、贵州、云南、湖北和湖南 6 省(直辖市)共 261.7 万人受灾,25 人死亡,17 人失踪,6.6 万人紧急转移安置,6800 间房屋倒塌,2.8 万间不同程度损坏,农作物受灾 1.392×10⁵ hm²,因灾直接经济损失 22.1 亿元,其中四川受灾最为严重,直接经济损失 8.8 亿元。

4.7.2　天气形势及降水分析

　　17 日，500 hPa 及中低层四川盆地有西南低涡生成、发展，受其影响，四川盆地出现大范围强降水，暴雨较为集中出现在盆地中部地区，四川有 13 个站、重庆有 4 个站出现大暴雨（图 3.6.20）；18 日（图 4.7.1），500 hPa 四川盆地低涡减弱为短波槽，停滞少动，中低层西南低涡缓慢东移，受其影响，雨区整体缓慢向东扩展并出现两个暴雨中心，一个位于川东北至陕南，另一个位于贵州中部，局部都有大暴雨出现（图 3.6.21）；19 日，500 hPa 短波槽仍停滞少动，中低层西南低涡缓慢向东北方向移动至湖北西北部地区，同时在云贵高原上空又有新的低涡发展，受其影响，从云南东北部至淮河流域出现了东北西—南走向的大范围雨带，雨带中暴雨分布较广且较为零散，其中广西西部至湘西北出现了一条东北—西南走向的狭窄暴雨带，部分地区出现大暴雨（图 3.6.22）；20 日，500 hPa 短波槽及中低层低涡切变东移北收，受其影响，雨带迅速东移减弱，江淮东部部分地区出现暴雨、局部大暴雨，华南地区也出现零散暴雨（图 3.6.23）。这次过程总降水量见图 3.6.24。

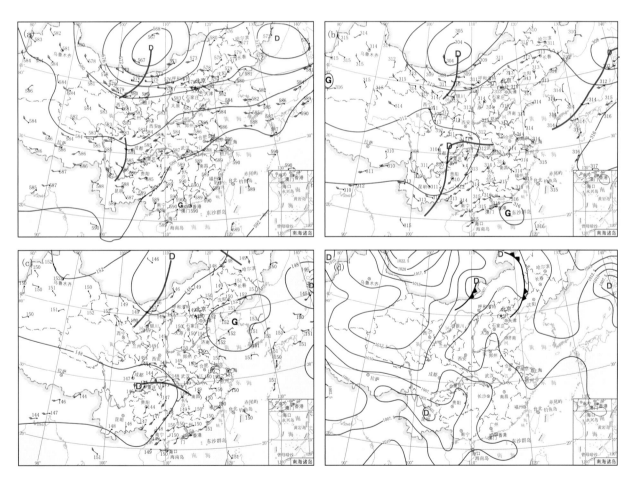

图 4.7.1　2015 年 8 月 18 日 08 时高空环流形势图及地面天气图

(a) 500 hPa，(b) 700 hPa，(c) 850 hPa，(d) 地面

4.8 9月29—30日华东暴雨(超强台风"杜鹃"暴雨)

4.8.1 雨情灾情分析

这是 2015 年第 34 次主要暴雨过程(No.34)。此次由 1521 号超强台风"杜鹃"(Dujuan)造成的华东暴雨过程共持续 2 d。9 月 29—30 日,50 mm 以上总降水量主要分布在长江三角洲、浙江东部、福建东部和南部,100 mm 以上总降水量主要集中在浙江、福建的沿海地区,过程累计最大降水量出现在浙江镇海,达 329 mm(见图 3.7.18)。

超强台风"杜鹃"(Dujuan)具有强度大、后期移速快等特点。受这次台风暴雨过程的影响,浙江、福建 2 省共 163.2 万人受灾,56.4 万人紧急转移安置,6000 余间房屋不同程度损坏,农作物受灾 7.8×10^3 hm²,因灾直接经济损失 27.4 亿元,其中浙江受灾最为严重,直接经济损失 17.7 亿元。

4.8.2 天气形势及降水分析

9 月 29 日(图 4.8.1),1521 号超强台风"杜鹃"(Dujuan)在强度减弱为强热带风暴后在福建莆田登陆,登陆后向西北偏西方向移动,当天下午在福建中部减弱为热带风暴,夜间进

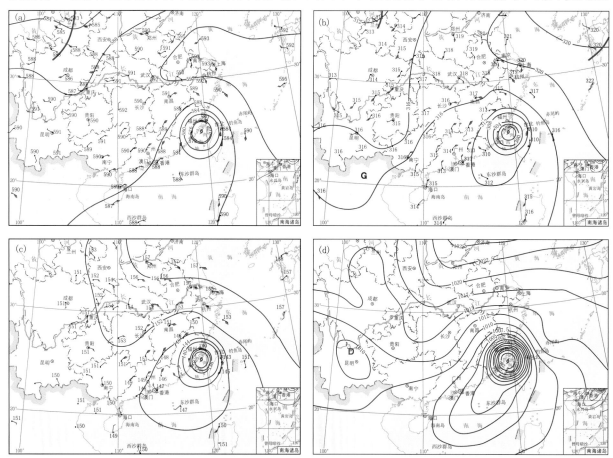

图 4.8.1 2015 年 9 月 29 日 08 时高空环流形势图及地面天气图

(a) 500 hPa,(b) 700 hPa,(c) 850 hPa,(d) 地面

入江西省境内并减弱为热带低压,受其影响,江南东部、华南东部出现强降水,暴雨主要出现在东部沿海地区,福建、浙江沿海地区多站出现大暴雨(图 3.7.16);30 日,"杜鹃"在江西境内转向西北偏北方向移动,夜间在江西北部境内减弱消散,受其影响,雨区向西、向北扩展,黄淮南部、江淮地区、江南中东部出现大范围降水,暴雨主要出现在福建、浙江的沿海地区,山东东南部、江西和福建交界的南部地区也出现暴雨,福建、浙江、山东局部出现大暴雨,其中浙江镇海出现 276.2 mm 的特大暴雨(图 3.7.17)。这次过程总降水量见图 3.7.18。

4.9　10 月 4—7 日华南暴雨(超强台风"彩虹"暴雨)

4.9.1　雨情灾情分析

这是 2015 年第 35 次主要暴雨过程(No.35)。此次由 1522 号超强台风"彩虹"(Mujigae)造成的华南暴雨过程共持续 4 d。10 月 4—7 日,50 mm 以上总降水量主要分布在华南中部、江南西部、江南北部及江汉东部,100 mm 以上总降水量主要集中在广东西部及广西东部,过程累计最大降水量出现在广东阳春,达到 522 mm(见图 3.8.5)。

超强台风"彩虹"(Mujigae)具有前期移速慢后期移速快、近海强度急剧加大、登陆时强度强、登陆后强度迅速减弱、风大雨强等特点。"彩虹"是有气象记录以来 10 月登陆广东的最强台风,也是 10 月进入广西内陆的最强台风,它给广东带来了极其严重的灾害。受这次台风暴雨过程的影响,广东、广西和海南 3 省(自治区)共 788.5 万人受灾,20 人死亡,4 人失踪,44.2 万人紧急转移安置,1.0 万间房屋倒塌,9.9 万间不同程度损坏,农作物受灾 7.15×10⁴ hm²,因灾直接经济损失 300.1 亿元,其中广东受灾最为严重,直接经济损失 270.7 亿元,其次为广西 17.7 亿元。

4.9.2　天气形势及降水分析

10 月 4 日(图 4.9.1),1522 号超强台风"彩虹"(Mujigae)在广东湛江登陆,登陆后继续向西北方向移动,夜间进入广西东南部境内减弱为台风,受其影响,华南出现强降水,暴雨主要出现在广东西南部及海南北部部分地区,广东西南部共有 19 站出现大暴雨(图 3.8.1);5 日,"彩虹"减弱为强热带风暴,当天上午在广西南宁市境内减弱消散,受其影响,雨区范围向西北方向扩展,广东西部、广西东部出现大范围暴雨到大暴雨,广西金秀、广东南海分别出现 335.5 mm 和 285.0 mm 的特大暴雨(图 3.8.2);6 日,"彩虹"减弱消散后,850 hPa 残留的气旋环流继续向西北方向移动进入贵州南部,受其影响,雨区向北扩展至长江中下游地区,从广东西南部至湖北中部出现了一条近南北向的暴雨带,广东西南部、广西东南部仍有部分地区出现大暴雨(图 3.8.3);7 日,850 hPa 的气旋环流继续向北偏东方向移动进入河南南部,受其影响,雨区整体向东偏北方向移动,暴雨主要出现在浙江、安徽、江西三省交界的地区,其他地区也有零散暴雨(图 3.8.4)。这次过程总降水量见图 3.8.5。

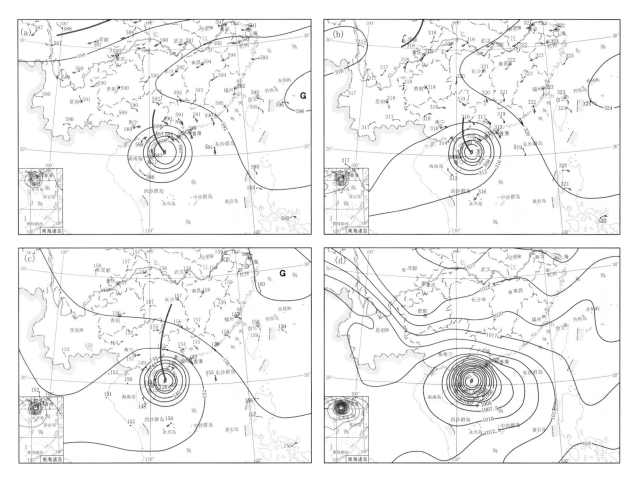

图 4.9.1　2015 年 10 月 4 日 08 时高空环流形势图及地面天气图

(a) 500 hPa,(b) 700 hPa,(c) 850 hPa,(d) 地面

4.10　11月6—21日江南及华南连续暴雨

4.10.1　雨情灾情分析

　　此次由西南低涡和低层切变线造成的江南及华南连续暴雨过程共持续 16 d。11 月 6—21 日,50 mm 以上总降水量主要分布在黄淮、江淮、江汉东部、江南及华南,100 mm 以上总降水量主要集中在江南大部分地区及华南西部,过程累计最大降水量出现在广西灵川,达到 477 mm(见图 4.10.1)。

　　此次江南及华南连续暴雨过程由 2015 年第 37—40 次 4 场主要暴雨过程组成,每场暴雨过程持续时间均为 2～3 d,每场暴雨过程之间都有两天降水减弱的间隙,但降水并没有完全停止,4 场暴雨过程逐日雨带基本呈近东北—西南向带状分布,自北向南移动,具有持续时间长、影响范围广、灾情严重等特点。湖南、江西、广西等地出现罕见冬汛,多条河流出现超警戒水位。浙江丽水因山体滑坡导致数十栋房屋被掩,38 人死亡;湖南郴州山洪暴发致尾矿坍塌,4 人失踪。受这次连续暴雨过程的影响,湖南、江西、广西、福建、浙江和云南 6 省(自治区)共 91.7 万人受灾,40 人死亡,4 人失踪,2.9 万人紧急转移安置,1000 间房屋倒塌,4800 间不同程度损坏,农作物受灾 5.25×10^4 hm²,因灾直接经济损失 10.4 亿元,其中湖南受灾最为严重,直接经济损失 7.9 亿元。

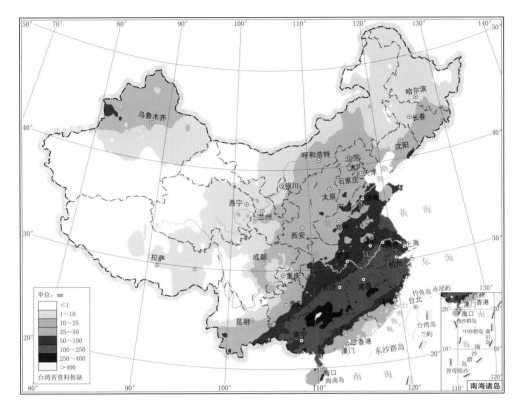

图 4.10.1　2015 年 11 月 6—21 日全国总降水量分布图(单位:mm)

4.10.2　天气形势及降水分析

11 月 6 日,500 hPa 河套地区至青藏高原东侧有短波槽发展,中低层河套地区至四川盆地有低涡切变生成,受其影响,华北地区及黄淮流域出现大范围降水,暴雨主要出现在河南中东部部分地区、江苏北部部分地区(图 3.9.1);7 日,500 hPa 短波槽及中低层低涡切变东移南压,受其影响,雨区整体南压,湖北中部部分地区及江苏中部部分地区出现暴雨(图 3.9.2);8 日,500 hPa 短波槽及中低层低涡切变继续东移南压,受其影响,雨区进行南压,沿广西—湖南—江西—浙江出现了一条东北—西南走向的雨带,两个暴雨中心分别位于广西、湖南交界的区域和江西北部至浙江西部的区域,局部有大暴雨(图 3.9.3)。

11 月 11 日,500 hPa 四川盆地至云贵高原有西风短波槽东移南压,中低层江南地区至西南地区东部有低涡切变生成,受其影响,江南大部分地区、华南西部、贵州南部、云南南部出现大范围降水,但暴雨分布较为零散(图 3.9.5);12 日(图 4.10.2),500 hPa 四川盆地至云贵高原又有西风短波槽补充东移南压,中低层江南地区低涡切变稳定维持,切变线的西端、云贵高原上空有低涡发展并快速东移南压,华南地区偏南暖湿气流明显发展,受其影响,雨区范围扩大,云南东南部至江西南部出现一条近东北—西南走向的暴雨带,桂东北和湘南共有 15 个站出现大暴雨(图 3.9.6);13 日,500 hPa 西风短波槽缓慢东移南压,中低层低涡切变也缓慢东移南压,受其影响,雨带整体东移南压,广西中部、广东西部及江西南部出现暴雨,局部出现大暴雨(图 3.9.7)。

　　11月16日,500 hPa西南地区东部有西风短波槽发展东移,中低层黄淮流域至西南地区东部有低涡切变活动,受其影响,江南大部分地区、华南北部出现大范围降水,暴雨主要出现在江南南部,局部大暴雨(图3.9.9);17日,500 hPa西风短波槽东移北收,中低层江南北部有暖式切变发展,受其影响,雨带整体北移,暴雨主要出现在湖南中东部及江西、福建交界的北部地区,浙江部分地区也出现暴雨(图3.9.10)。

　　11月20日,500 hPa云贵高原上空有西风短波槽发展东移,中低层云贵高原有切变线发展东移,受其影响,华南西部、江南中西部出现降水,暴雨主要出现在广西北部及湖南西南部部分地区,广西北部局部地区出现大暴雨(图3.9.12);21日,500 hPa短波槽及中低层切变线东移南压,受其影响,降水东移,范围减小、强度减弱,华南南部局部出现暴雨(图3.9.13)。这次过程总降水量见图4.10.1。

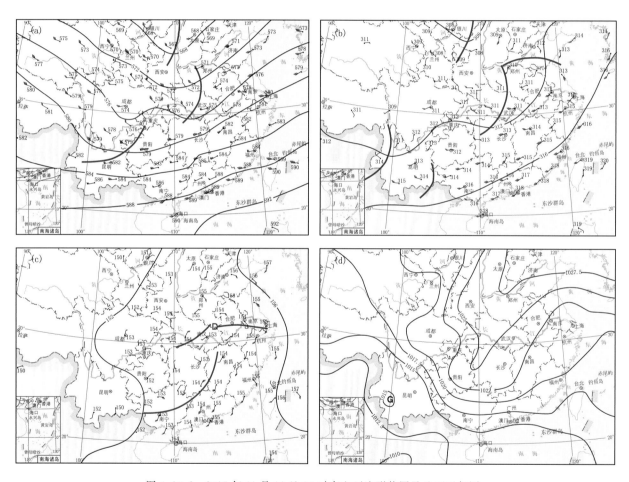

图4.10.2　2015年11月12日20时高空环流形势图及地面天气图

(a) 500 hPa,(b) 700 hPa,(c) 850 hPa,(d) 地面

附录 全国暴雨气候概况

附录1 1981—2010 年 30 a 平均年降水量分布

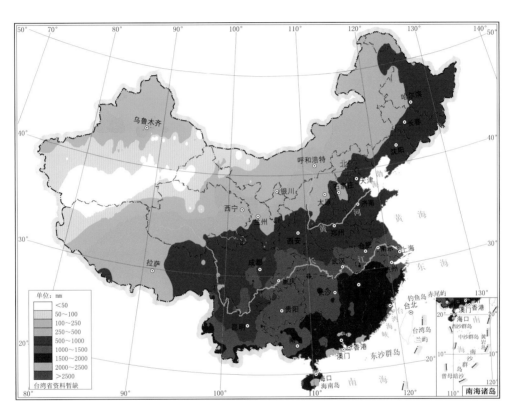

附图 1.1 1981—2010 年 30 a 平均全国年降水量分布图(单位:mm)

附录 2　1981—2010 年 30 a 平均月降水量分布

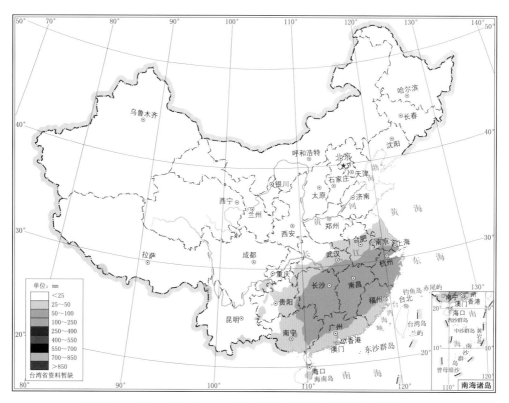

附图 2.1　1981—2010 年 30 a 平均全国 1 月降水量分布图(单位:mm)

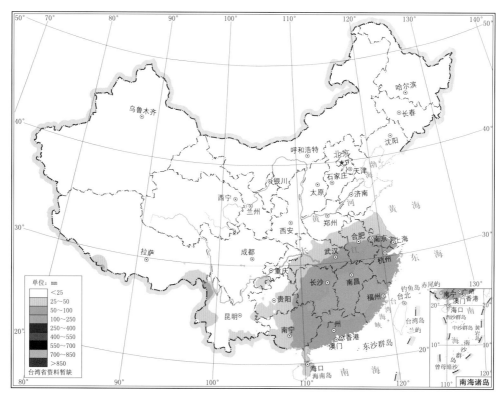

附图 2.2　1981—2010 年 30 a 平均全国 2 月降水量分布图(单位:mm)

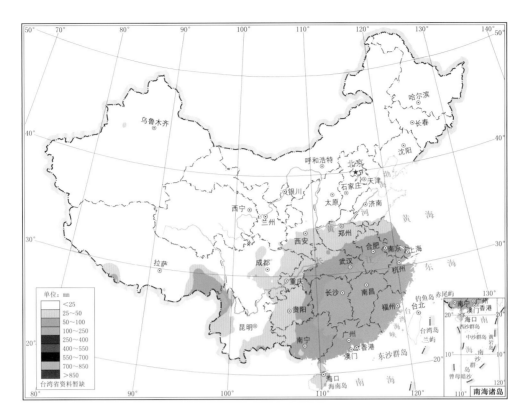

附图 2.3　1981—2010 年 30 a 平均全国 3 月降水量分布图(单位:mm)

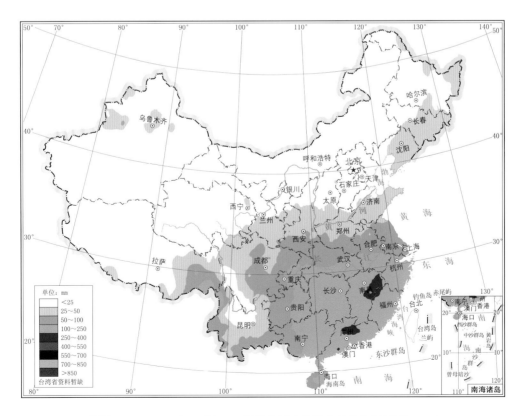

附图 2.4　1981—2010 年 30 a 平均全国 4 月降水量分布图(单位:mm)

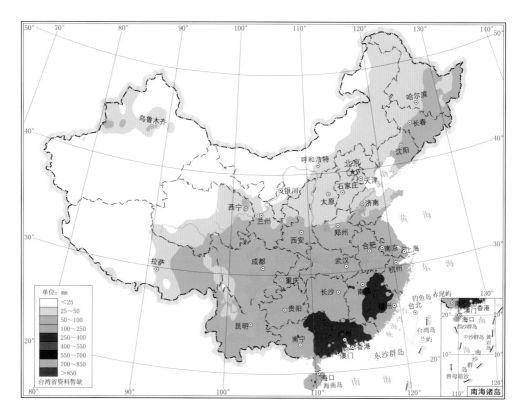

附图 2.5　1981—2010 年 30 a 平均全国 5 月降水量分布图(单位:mm)

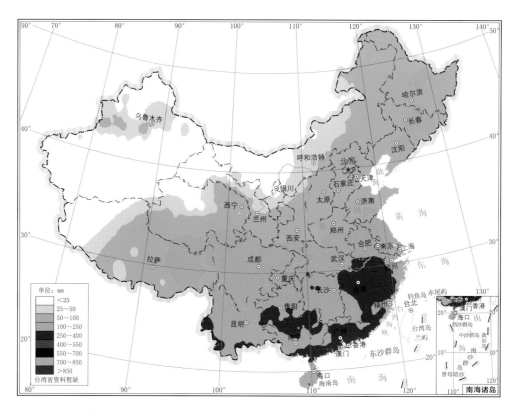

附图 2.6　1981—2010 年 30 a 平均全国 6 月降水量分布图(单位:mm)

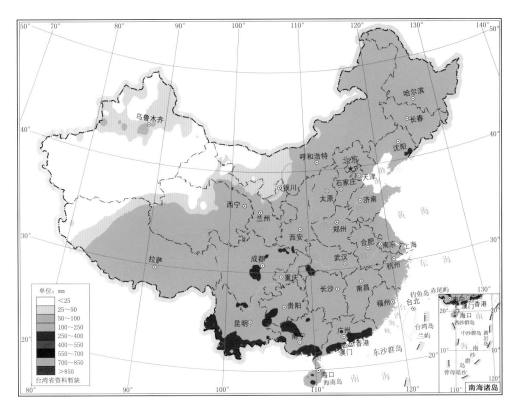

附图 2.7　1981—2010 年 30 a 平均全国 7 月降水量分布图（单位：mm）

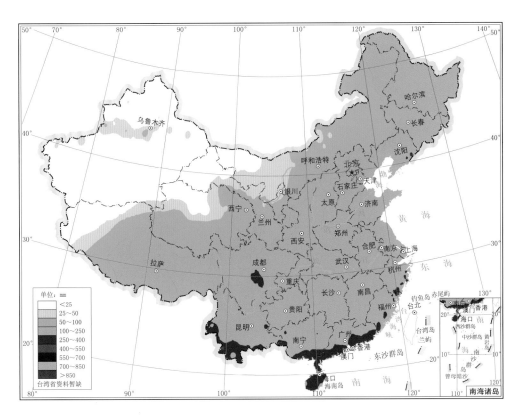

附图 2.8　1981—2010 年 30 a 平均全国 8 月降水量分布图（单位：mm）

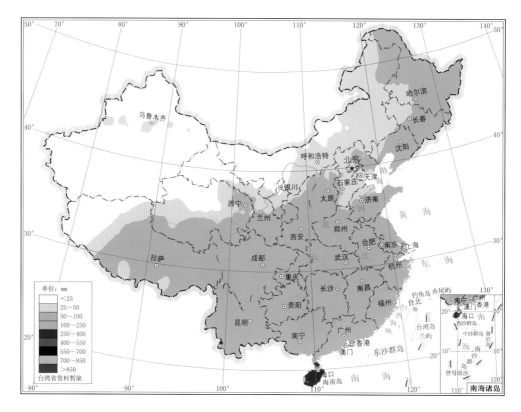

附图 2.9　1981—2010 年 30 a 平均全国 9 月降水量分布图(单位:mm)

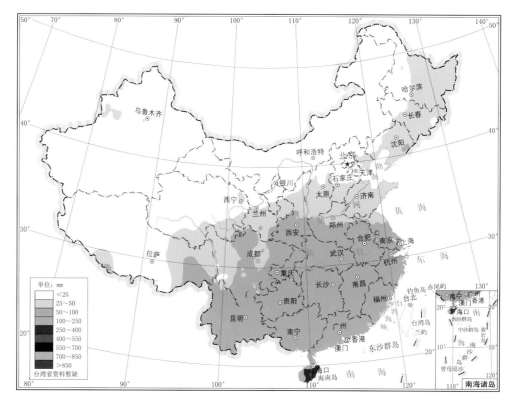

附图 2.10　1981—2010 年 30 a 平均全国 10 月降水量分布图(单位:mm)

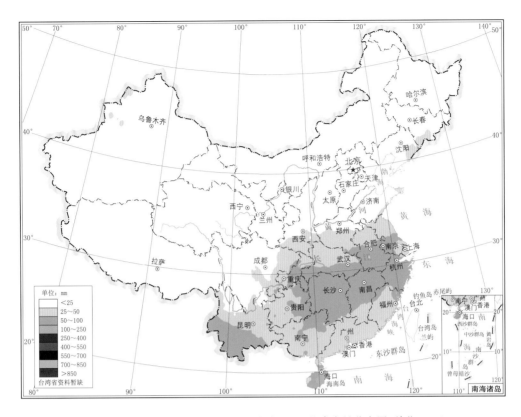

附图 2.11　1981—2010 年 30 a 平均全国 11 月降水量分布图(单位:mm)

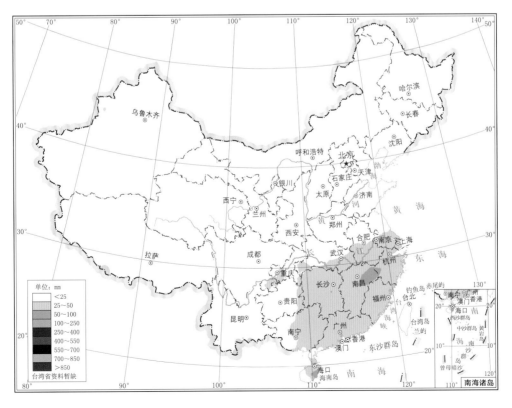

附图 2.12　1981—2010 年 30 a 平均全国 12 月降水量分布图(单位:mm)

附录 3　1981—2010 年 30 a 暴雨(≥50.0 mm/d)总日数分布

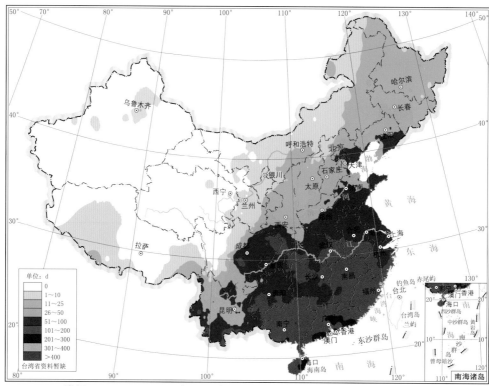

附图 3.1　1981—2010 年 30 a 全国暴雨(≥50.0 mm/d)总日数(d)分布图

附录 4　1981—2010 年 30 a 大暴雨(100.0~249.9 mm/d)总日数分布

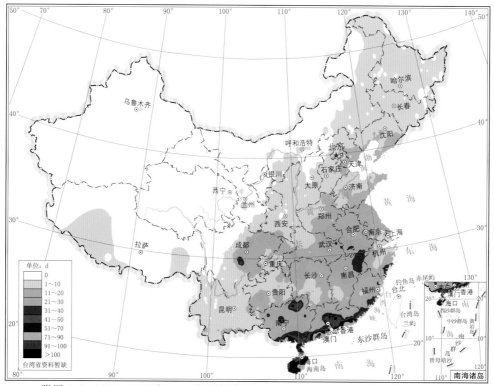

附图 4.1　1981—2010 年 30 a 全国大暴雨(100.0~249.9 mm/d)总日数(d)分布图

附录 5　1981—2010 年 30 a 特大暴雨(≥250.0 mm/d)总日数分布

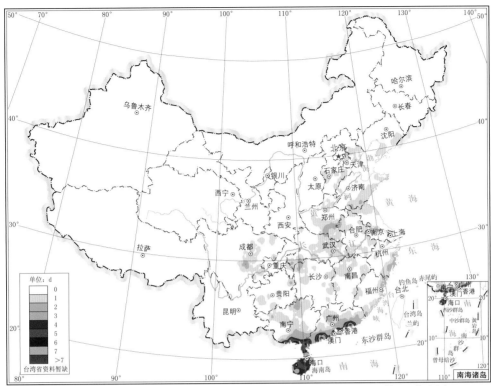

附图 5.1　1981—2010 年 30 a 全国特大暴雨(≥250.0 mm/d)总日数(d)分布图

附录 6　1981—2010 年 30 a 各月暴雨(≥50.0 mm/d)总日数分布

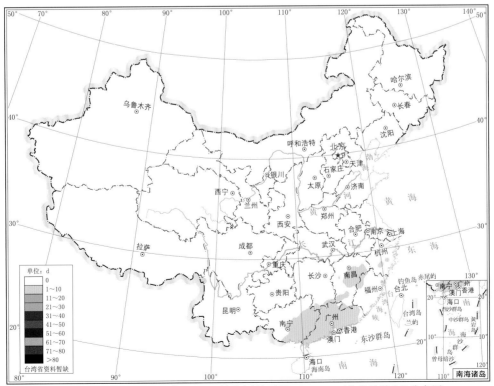

附图 6.1　1981—2010 年 30 a 1 月全国暴雨(≥50.0 mm/d)总日数(d)分布图

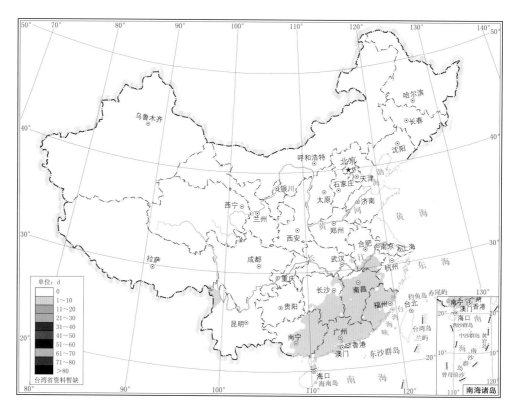

附图 6.2　1981—2010 年 30 a 2 月全国暴雨(≥50.0 mm/d)总日数(d)分布图

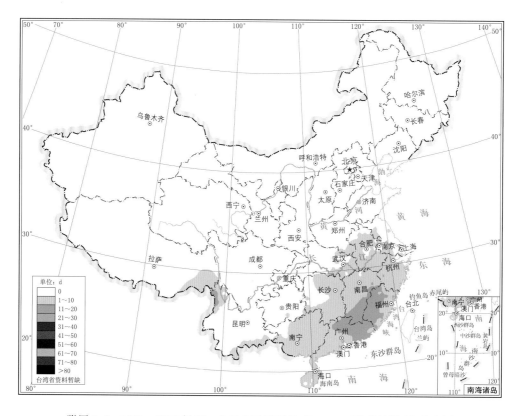

附图 6.3　1981—2010 年 30 a 3 月全国暴雨(≥50.0 mm/d)总日数(d)分布图

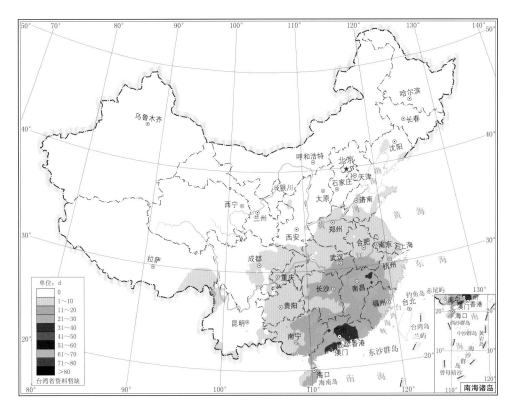

附图 6.4　1981—2010 年 30 a 4 月全国暴雨(≥50.0 mm/d)总日数(d)分布图

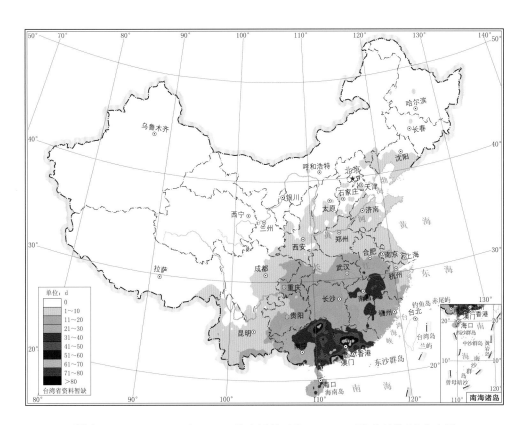

附图 6.5　1981—2010 年 30 a 5 月全国暴雨(≥50.0 mm/d)总日数(d)分布图

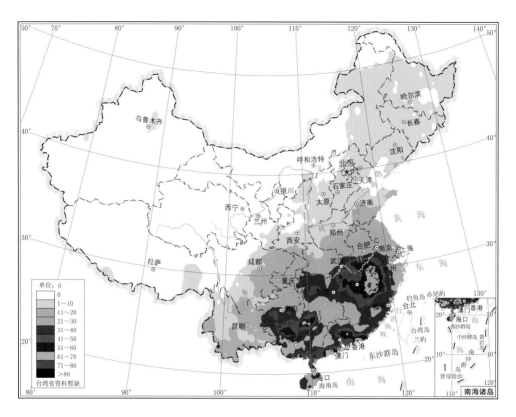

附图 6.6　1981—2010 年 30 a 6 月全国暴雨(≥50.0 mm/d)总日数(d)分布图

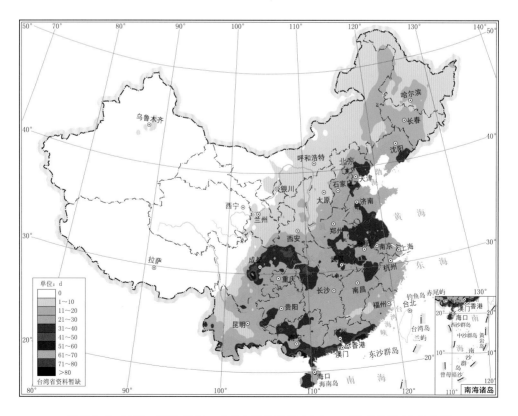

附图 6.7　1981—2010 年 30 a 7 月全国暴雨(≥50.0 mm/d)总日数(d)分布图

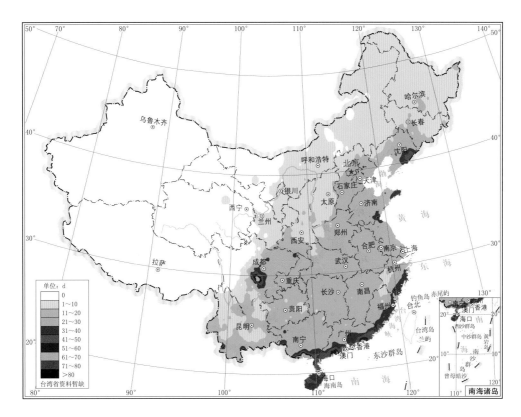

附图 6.8　1981—2010 年 30 a 8 月全国暴雨(≥50.0 mm/d)总日数(d)分布图

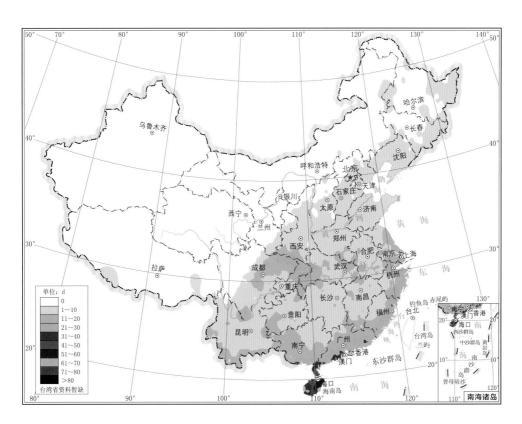

附图 6.9　1981—2010 年 30 a 9 月全国暴雨(≥50.0 mm/d)总日数(d)分布图

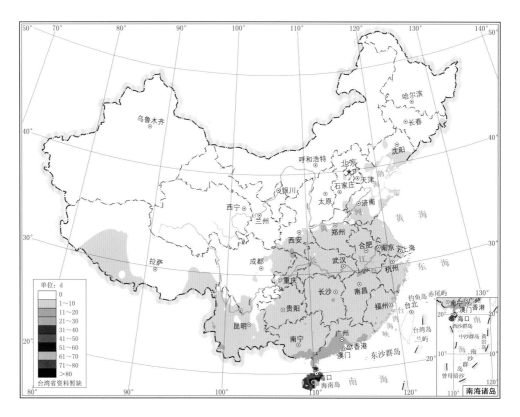

附图 6.10 1981—2010 年 30 a 10 月全国暴雨(≥50.0 mm/d)总日数(d)分布图

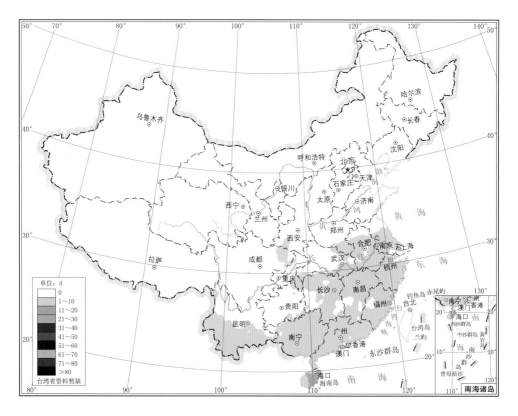

附图 6.11 1981—2010 年 30 a 11 月全国暴雨(≥50.0 mm/d)总日数(d)分布图

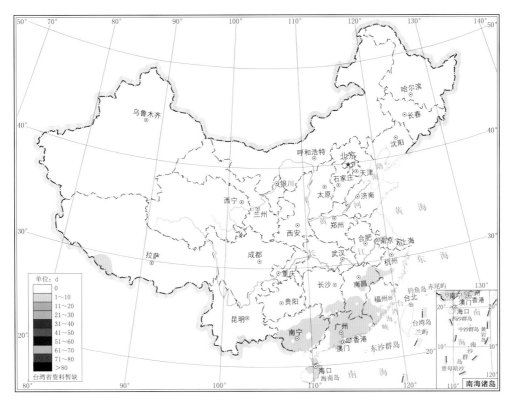

附图 6.12　1981—2010 年 30 a 12 月全国暴雨(≥50.0 mm/d)总日数(d)分布图

附录 7　1981—2010 年 30 a 各月大暴雨(100.0～249.9 mm/d)总日数分布

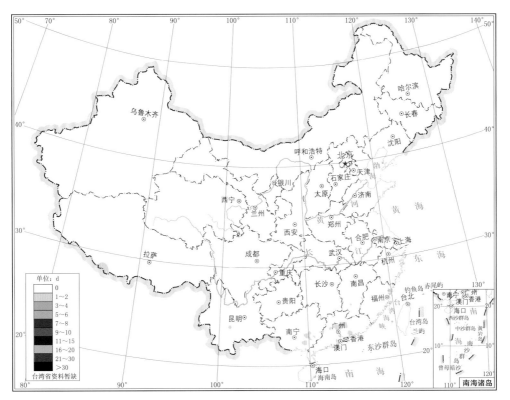

附图 7.1　1981—2010 年 30 a 1 月全国大暴雨(100.0～249.9 mm/d)总日数(d)分布图

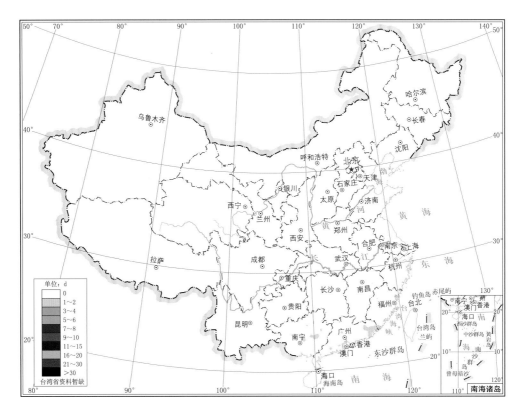

附图 7.2　1981—2010 年 30 a 2 月全国大暴雨(100.0~249.9 mm/d)总日数(d)分布图

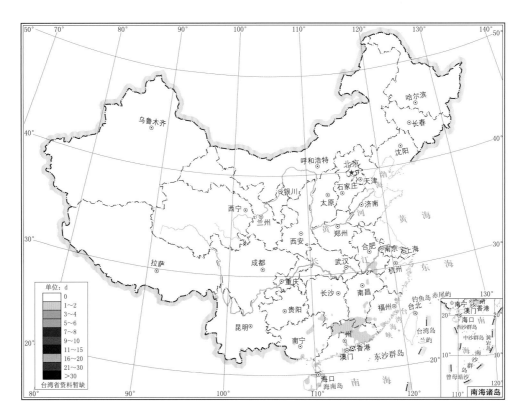

附图 7.3　1981—2010 年 30 a 3 月全国大暴雨(100.0~249.9 mm/d)总日数(d)分布图

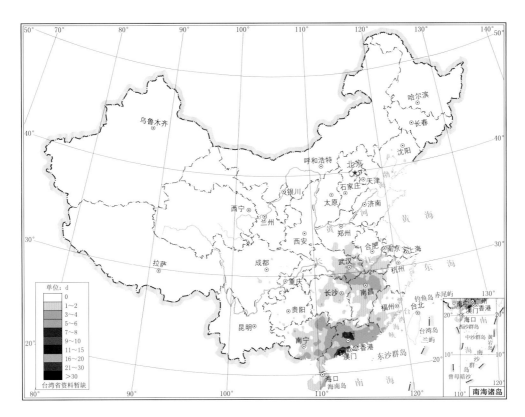

附图 7.4　1981—2010 年 30 a 4 月全国大暴雨(100.0～249.9 mm/d)总日数(d)分布图

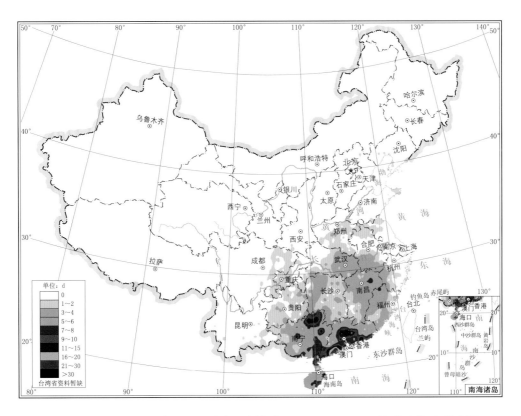

附图 7.5　1981—2010 年 30 a 5 月全国大暴雨(100.0～249.9 mm/d)总日数(d)分布图

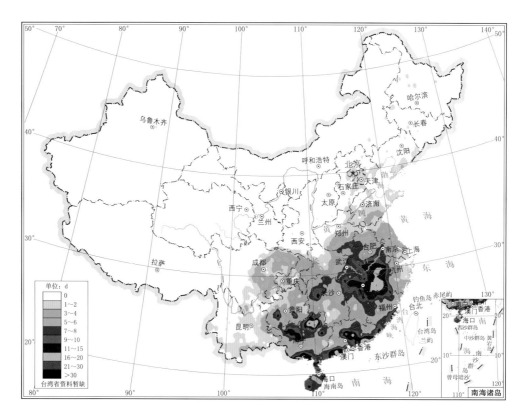

附图 7.6　1981—2010 年 30 a 6 月全国大暴雨(100.0～249.9 mm/d)总日数(d)分布图

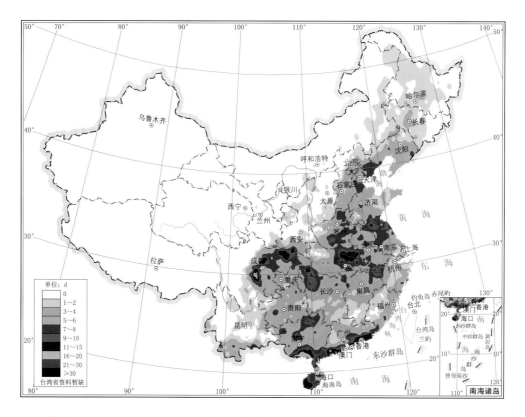

附图 7.7　1981—2010 年 30 a 7 月全国大暴雨(100.0～249.9 mm/d)总日数(d)分布图

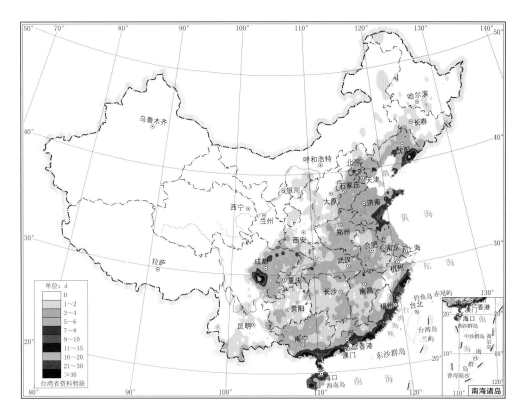

附图 7.8　1981—2010 年 30 a 8 月全国大暴雨(100.0～249.9 mm/d)总日数(d)分布图

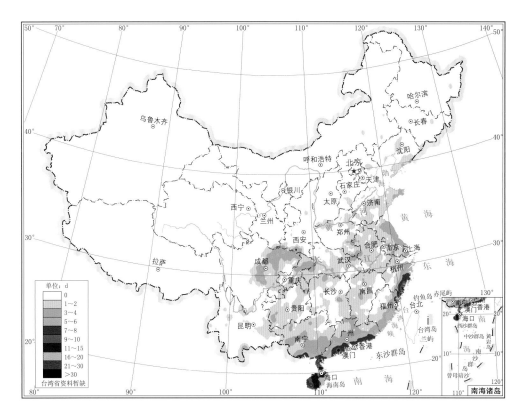

附图 7.9　1981—2010 年 30 a 9 月全国大暴雨(100.0～249.9 mm/d)总日数(d)分布图

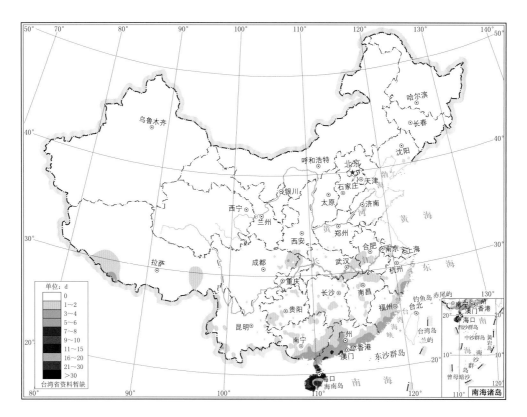

附图 7.10　1981—2010 年 30 a 10 月全国大暴雨(100.0～249.9 mm/d)总日数(d)分布图

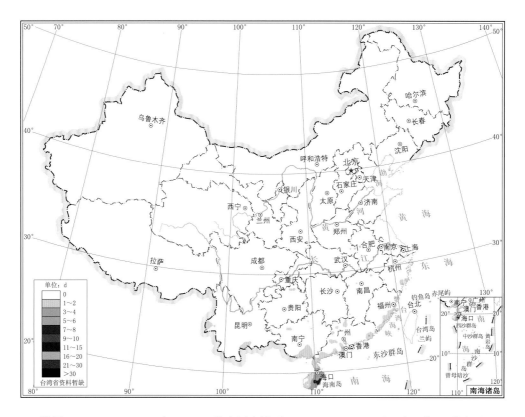

附图 7.11　1981—2010 年 30 a 11 月全国大暴雨(100.0～249.9 mm/d)总日数(d)分布图

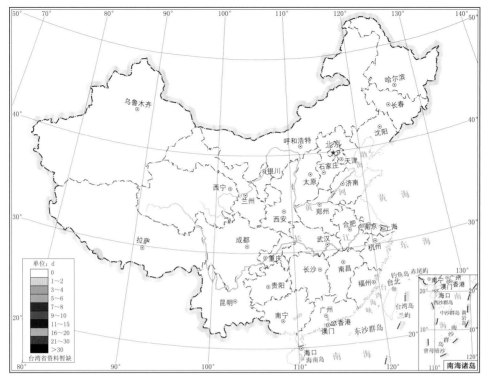

附图 7.12 1981—2010 年 30 a 12 月全国大暴雨(100.0～249.9 mm/d)总日数(d)分布图

附录 8 1981—2010 年 30 a 各月特大暴雨(≥250.0 mm/d)总日数分布

由于 1981—2010 年 30 a 间 1 月、2 月、12 月全国均未出现特大暴雨,故 1 月、2 月、12 月的特大暴雨日数图不再给出。

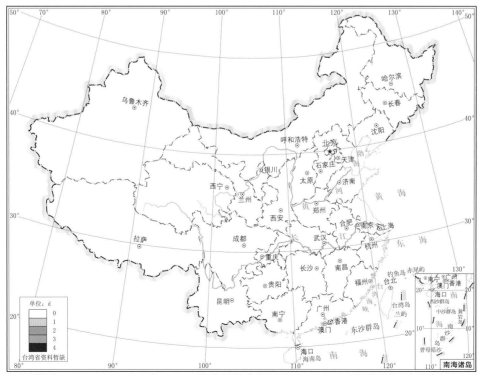

附图 8.1 1981—2010 年 30 a 3 月全国特大暴雨(≥250.0 mm/d)总日数(d)分布图

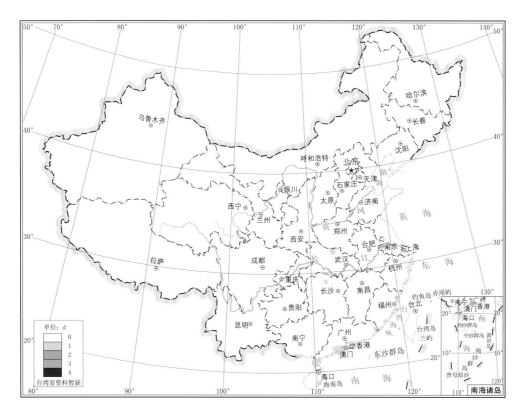

附图 8.2　1981—2010 年 30 a 4 月全国特大暴雨(≥250.0 mm/d)总日数(d)分布图

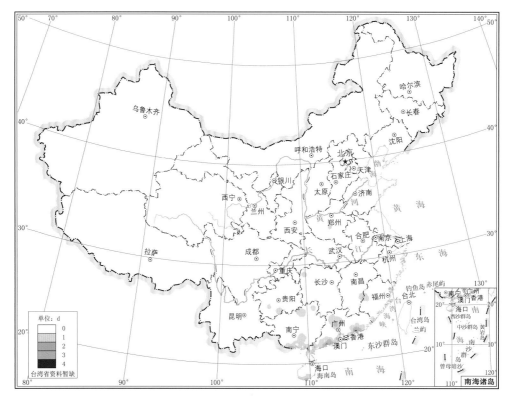

附图 8.3　1981—2010 年 30 a 5 月全国特大暴雨(≥250.0 mm/d)总日数(d)分布图

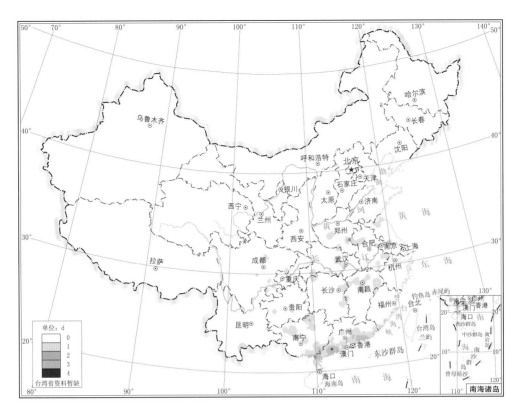

附图 8.4　1981—2010 年 30 a 6 月全国特大暴雨(≥250.0 mm/d)总日数(d)分布图

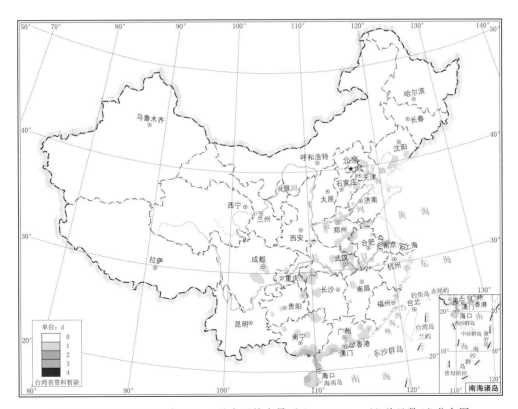

附图 8.5　1981—2010 年 30 a 7 月全国特大暴雨(≥250.0 mm/d)总日数(d)分布图

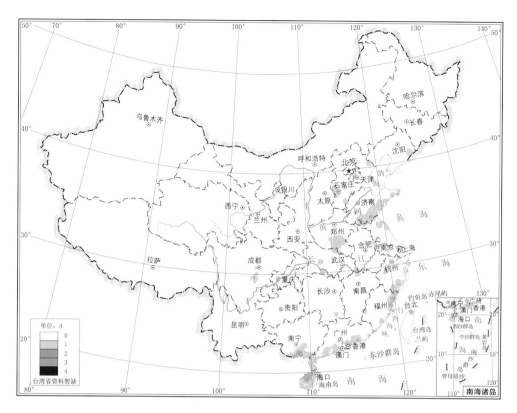

附图 8.6　1981—2010 年 30 a 8 月全国特大暴雨(≥250.0 mm/d)总日数(d)分布图

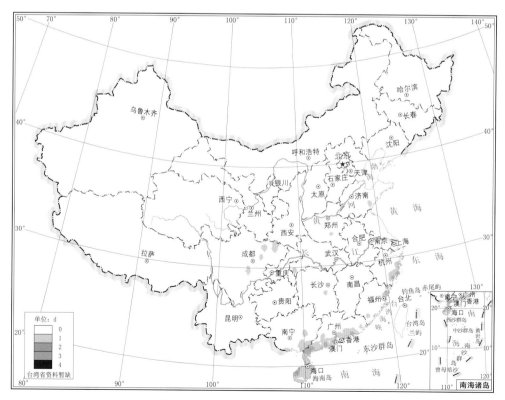

附图 8.7　1981—2010 年 30 a 9 月全国特大暴雨(≥250.0 mm/d)总日数(d)分布图

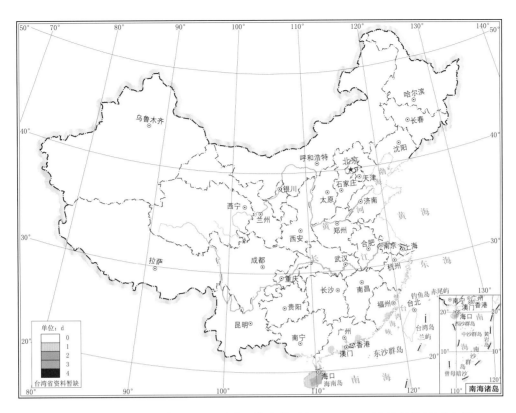

附图 8.8　1981—2010 年 30 a 10 月全国特大暴雨(≥250.0 mm/d)总日数(d)分布图

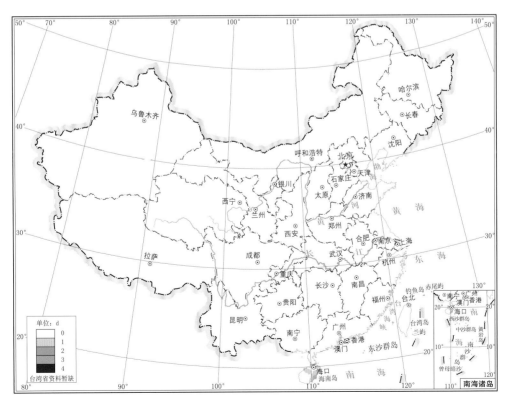

附图 8.9　1981—2010 年 30 a 11 月全国特大暴雨(≥250.0 mm/d)总日数(d)分布图

附录9　1961—2014年全国最大日降水量概况

附表9.1a　1961—2014年全国各省(自治区、直辖市)第一季度各月最大日降水量概况表

省(自治区、直辖市)	1月			2月			3月		
	站名	降水量（mm）	出现时间（年-月-日）	站名	降水量（mm）	出现时间（年-月-日）	站名	降水量（mm）	出现时间（年-月-日）
北京	昌平	16.9	1973-01-23	霞云岭	21.6	1998-02-19	顺义	27.2	2003-03-20
天津	塘沽	16.0	2010-01-03	北辰区	24.2	1979-02-23	塘沽	37.2	2007-03-04
河北	昌黎	17.5	1973-01-24	昌黎	31.1	1962-02-10	兴隆	59.5	2003-03-20
山西	沁水	17.4	1967-01-27	运城	23.1	1979-02-22	闻喜	45.4	1979-03-29
内蒙古	呼和浩特	10.6	1981-01-18	凉城	25.3	1979-02-21	多伦县	47.0	1964-03-15
辽宁	丹东	34.0	1964-01-12	本溪	41.1	1962-02-10	东港	97.5	2007-03-04
吉林	珲春	34.7	2002-01-07	集安	43.9	2009-02-13	柳河	42.8	2007-03-04
黑龙江	双鸭山	21.5	2007-01-31	东宁	25.9	1990-02-20	虎林	37.1	2007-03-05
上海	南汇	49.8	1998-01-17	金山	50.5	2010-02-18	金山	68.5	1993-03-25
江苏	宜兴	61.0	1984-01-18	无锡	65.3	1979-02-22	盱眙	110.9	1991-03-07
浙江	龙泉	77.1	1998-01-14	开化	78.7	1975-02-05	衢州	106.4	1983-03-23
安徽	怀宁	65.2	2010-01-11	巢湖	200.0 *	2001-02-08	巢湖	200.0	2001-03-09
福建	明溪	90.9	2003-01-26	诏安	135.2	1985-02-08	武平	148.4	1980-03-06
江西	石城	109.5	1989-01-07	新余	119.1	2004-02-29	龙南	155.3	1980-03-06
山东	临沂	39.0	1964-01-11	微山	40.0	1992-02-29	日照	60.6	2007-03-04
河南	信阳	63.7	1969-01-28	鹿邑	54.0	2004-02-21	鸡公山	97.4	1993-03-13
湖北	黄梅	62.8	2001-01-06	罗田	77.5	1990-02-20	黄陂	87.9	1969-03-27
湖南	嘉禾	76.7	1980-01-28	新田	99.7	1994-02-11	新田	139.5	1990-03-23
广东	增城	127.6	1964-01-01	揭阳	130.2	1985-02-08	陆丰	267.1 *	1992-03-26
广西	浦北	123.9	1969-01-30	平南	131.8	1983-02-28	岑溪	181.7	2014-03-30
海南	西沙	305.8 *	1975-01-27	陵水	181.6	2005-02-27	万宁	224.8	1984-03-22
重庆	酉阳	41.4	1999-01-11	璧山	46.7	2007-02-07	涪陵	100.9	2014-03-20
四川	宁南	49.0	1962-01-29	通江	64.3	1998-02-13	蓬溪	75.6	1969-03-28
贵州	铜仁	47.4	1969-01-11	三都	71.5	2002-02-19	绥阳	107.1	1969-03-28
云南	镇沅	110.0	1999-01-11	河口	104.8	2001-02-25	江城	111.0	1973-03-08
西藏	帕里	20.6	1966-01-04	帕里	31.0	1989-02-19	波密	44.8	2011-03-25
陕西	华山	22.9	2001-01-08	蓝田	51.0	2004-02-20	镇巴	54.5	1997-03-13
甘肃	镇原	8.6	2006-01-19	徽县	18.8	2004-02-20	岷县	40.4	1967-03-28
青海	杂多	18.5	2008-01-24	杂多	13.5	2014-02-16	湟中	21.7	1990-03-26
宁夏	中卫	11.1	1993-01-07	泾源	12.8	1982-02-25	盐池	39.7	1990-03-24
新疆	伊宁县	27.4	2010-01-02	乌苏	40.2	2010-02-23	阿图什	47.3	1990-03-22

注:以 * 标注的数值为当月全国最大日降水量;香港、澳门特别行政区和台湾省资料暂缺。

附表 9.1b　1961—2014 年全国各省(自治区、直辖市)第二季度各月最大日降水量概况表

省(自治区、直辖市)	4 月			5 月			6 月		
	站名	降水量(mm)	出现时间(年-月-日)	站名	降水量(mm)	出现时间(年-月-日)	站名	降水量(mm)	出现时间(年-月-日)
北京	北京	51.0	1964-04-05	门头沟	106.1	1977-05-30	门头沟	190.5	2002-06-25
天津	城监站	106.8	1998-04-22	静海	123.0	1998-05-20	天津	130.5	1986-06-27
河北	玉田	106.2	1983-04-26	威县	115.7	2008-05-03	昌黎	201.2	1979-06-24
山西	沁源	83.4	1975-04-18	晋城	121.0	1992-05-05	高平	136.1	1980-06-29
内蒙古	科左中旗	64.2	1983-04-26	喀喇沁旗	72.3	1994-05-03	翁牛特旗	143.2	1991-06-11
辽宁	北宁	156.3	1983-04-26	丹东	151.2	1995-05-19	兴城	226.9	2006-06-29
吉林	前郭	89.2	1983-04-26	镇赉	97.4	2011-05-31	磐石	135.4	1977-06-29
黑龙江	肇源	63.4	1983-04-26	哈尔滨	79.1	1977-05-31	拜泉	156.0	1979-06-04
上海	奉贤	99.0	1983-04-14	金山	134.5	2008-05-28	嘉定	179.0	1999-06-30
江苏	昆山	113.1	1979-04-01	睢宁	229.7	1963-05-29	泰兴	312.2	1975-06-24
浙江	建德	141.2	2012-04-24	石浦	281.6	1976-05-25	大陈	224.9	2013-06-07
安徽	黄山区	144.4	1977-04-27	祁门	238.8	1995-05-20	阜南	346.0	1984-06-13
福建	漳浦	293.7	1969-04-13	宁化	334.8	1994-05-02	东山	350.4	2009-06-26
江西	修水	221.8	1999-04-24	广昌	327.4	1962-05-27	靖安	399.7	1977-06-15
山东	泰山	129.0	2003-04-18	邹平	180.6	2009-05-10	枣庄	244.5	1999-06-15
河南	新野	194.2	1973-04-29	民权	253.7	1963-05-19	桐柏	353.1	1989-06-07
湖北	枣阳	260.9	1973-04-29	监利	260.7	2006-05-25	武汉	298.5	1982-06-20
湖南	常德	251.1	1999-04-24	永顺	344.1	1995-05-31	桑植	373.8	1983-06-26
广东	珠海	620.3 *	2010-04-14	清远	640.6 *	1982-05-12	阳江	605.3 *	2001-06-08
广西	融安	291.3	1968-04-09	灵山	498.3	1981-05-31	来宾	441.2	2010-06-01
海南	万宁	303.5	1961-04-16	三亚	327.5	1986-05-20	西沙	307.7	1989-06-09
重庆	北碚	132.8	1975-04-27	彭水	210.8	2007-05-24	垫江	211.5	1979-06-04
四川	绵阳	155.1	1998-04-29	蓬溪	242.9	2007-05-30	遂宁	323.7	2013-06-30
贵州	六枝	162.9	1997-04-29	罗甸	336.7	1976-05-24	都匀	307.4	2010-06-08
云南	贡山	96.8	1973-04-15	河口	209.8	1985-05-16	江城	250.1	1987-06-02
西藏	波密	74.4	1985-04-26	帕里	130.0	2009-05-26	波密	75.2	1982-06-10
陕西	华山	93.7	1973-04-10	凤翔	144.2	1978-05-29	佛坪	203.3	2002-06-09
甘肃	庄浪	85.4	1973-04-28	文县	73.0	1987-05-30	张家川	113.6	2013-06-20
青海	互助	49.3	1964-04-19	贵南	49.4	1972-05-10	茶卡	70.6	2013-06-19
宁夏	麻黄山	35.4	1989-04-27	泾源	62.6	1967-05-16	西吉	90.5	2013-06-20
新疆	于田	46.6	1961-04-23	天池	59.9	1961-05-17	天池	131.7	2010-06-23

注:以 * 标注的数值为当月全国最大日降水量;香港、澳门特别行政区和台湾省资料暂缺。

附表 9.1c　1961—2014 年全国各省(自治区、直辖市)第三季度各月最大日降水量概况表

省(自治区、直辖市)	7 月			8 月			9 月		
	站名	降水量 (mm)	出现时间 (年-月-日)	站名	降水量 (mm)	出现时间 (年-月-日)	站名	降水量 (mm)	出现时间 (年-月-日)
北京	霞云岭	289.0	2012-07-21	丰台	220.3	1963-08-09	北京	106.0	2014-09-02
天津	蓟县	353.5	1978-07-25	武清	265.1	1984-08-10	蓟县	112.4	1987-09-03
河北	遵化	343.1	1978-07-25	邯郸	518.5	1963-08-04	抚宁	154.4	1986-09-01
山西	垣曲	244.0	2007-07-30	阳泉	261.5	1966-08-23	安泽	165.5	2005-09-20
内蒙古	乌审召	245.0	1961-07-22	科左后旗	178.4	2003-08-06	林西县	130.8	1986-09-02
辽宁	熊岳	331.7	1975-07-31	宽甸	271.7	1996-08-11	长海	253.1	1992-09-01
吉林	公主岭	194.5	1989-07-22	扶余	188.7	1994-08-06	敦化	138.7	1999-09-08
黑龙江	海伦	153.6	2013-07-30	甘南	201.6	1998-08-10	宝清	109.3	1973-09-11
上海	崇明	211.1	1976-07-02	宝山	394.5	1977-08-22	南汇	254.9	1963-09-13
江苏	徐州	315.4	1997-07-17	沛县	340.7	1981-08-09	西连岛	432.2	1985-09-02
浙江	宁海	355.7	1988-07-30	乐清	288.5	1965-08-20	乐清	446.7	1981-09-23
安徽	界首	440.4	1972-07-02	含山	401.7	2008-08-01	岳西	493.1	2005-09-03
福建	柘荣	472.5	2005-07-19	柘荣	415.2	2009-08-09	柘荣	381.7	1969-09-27
江西	南丰	315.2	2012-07-17	景德镇	364.6	2012-08-10	庐山	351.4	2005-09-02
山东	成山头	474.6	1963-07-18	诸城	619.7	1999-08-12	胶南	393.7	2012-09-21
河南	延津	379.1	2010-07-06	上蔡	755.1*	1975-08-07	遂平	254.5	1984-09-07
湖北	阳新	538.7	1994-07-12	远安	392.0	1990-08-15	咸丰	304.8	1983-09-09
湖南	张家界	455.5	2003-07-09	郴州	294.6	1999-08-13	南岳	311.2	1991-09-08
广东	珠海	560.4	1994-07-22	徐闻	417.1	2008-08-07	恩平	433.1	1965-09-28
广西	北海	509.2	1981-07-24	东兴	337.7	1969-08-12	北海	352.2	2002-09-27
海南	西沙	617.1*	1977-07-20	东方	368.4	2001-08-30	西沙	633.8*	1995-09-06
重庆	黔江	306.9	1982-07-28	铜梁	233.4	2009-08-03	开县	295.3	2004-09-05
四川	峨眉	524.7	1993-07-29	峨眉	374.3	1995-08-24	三台	283.5	1981-09-02
贵州	清镇	287.8	2014-07-16	望谟	204.6	2014-08-24	关岭	272.4	2001-09-08
云南	彝良	235.4	1992-07-13	江城	249.7	2003-08-27	鹤庆	174.2	1965-09-06
西藏	波密	65.1	1988-07-04	定日	48.9	2007-08-19	波密	80.0	1982-09-16
陕西	镇巴	238.2	1978-07-02	宁陕	304.5	2003-08-29	镇巴	253.3	1968-09-12
甘肃	庆城	190.2	1966-07-26	成县	180.7	1968-08-02	徽县	126.8	1983-09-06
青海	尖扎	75.5	1963-07-23	大通	119.9	2013-08-22	同仁	76.1	2010-09-21
宁夏	隆德	131.7	1977-07-05	麻黄山	133.5	1984-08-02	固原	61.2	1966-09-02
新疆	天池	101.0	2007-07-17	小渠子	84.1	2011-08-27	天池	57.4	1988-09-28

注:以 * 标注的数值为当月全国最大日降水量;香港、澳门特别行政区和台湾省资料暂缺。

附表 9.1d 1961—2014 年全国各省(自治区、直辖市)第四季度各月最大日降水量概况表

省(自治区、直辖市)	10 月			11 月			12 月		
	站名	降水量(mm)	出现时间(年-月-日)	站名	降水量(mm)	出现时间(年-月-日)	站名	降水量(mm)	出现时间(年-月-日)
北京	密云	76.7	1970-10-23	顺义	56.5	2012-11-04	丰台	18.5	1977-12-15
天津	静海	134.3	2003-10-11	蓟县	77.5	2012-11-04	宝坻	23.0	1981-12-18
河北	沧州	144.9	2003-10-11	抚宁	86.4	2012-11-04	秦皇岛	38.1	1979-12-19
山西	昔阳	92.2	1968-10-06	阳城	43.8	1981-11-08	介休	17.8	1994-12-10
内蒙古	舍伯吐	72.4	1995-10-14	土默特左旗	46.2	2004-11-03	通辽	23.3	1979-12-19
辽宁	凤城	195.6	1991-10-24	宽甸	59.9	1966-11-06	旅顺	51.4	1979-12-19
吉林	珲春	80.1	1994-10-04	延吉	66.5	1964-11-12	辽源	25.0	1979-12-19
黑龙江	尚志	65.6	1995-10-14	尚志	40.7	2013-11-18	虎林	27.7	2014-12-01
上海	松江	224.6	2013-10-08	奉贤	88.2	2009-11-0	南汇	57.4	1972-12-22
江苏	启东	233.5	2013-10-08	射阳	105.9	1967-11-01	宜兴	52.5	1974-12-31
浙江	余姚	395.6	2013-10-07	大陈	164.4	1961-11-16	温岭	120.7	1972-12-22
安徽	池州	162.9	1983-10-05	霍邱	120.1	1984-11-10	岳西	72.8	2002-12-17
福建	崇武	311.5	1999-10-09	晋江	162.8	1986-11-16	宁化	87.9	1970-12-11
江西	婺源	187.7	1972-10-18	新建	141.3	2005-11-09	铅山	90.5	1994-12-10
山东	宁津	175.1	2003-10-11	崂山	116.8	1961-11-20	成山头	48.3	1992-12-27
河南	柘城	207.5	1992-10-02	新县	132.5	1965-11-07	淮滨	42.1	1991-12-24
湖北	赤壁	183.8	1987-10-13	通城	113.8	2005-11-10	江夏	75.4	2002-12-17
湖南	临湘	213.6	1987-10-13	江华	120.7	2008-11-07	祁东	95.2	2002-12-18
广东	汕尾	438.2	1975-10-14	中山	279.7	1993-11-05	上川岛	148.9	1974-12-02
广西	东兴	267.7	1968-10-10	北海	320.4	2013-11-11	涠洲岛	185.2	1983-12-20
海南	琼海	614.7 *	2010-10-05	陵水	413.7 *	1970-11-23	西沙	192.0 *	2006-12-13
重庆	开县	195.6	1992-10-03	酉阳	84.9	1996-11-05	秀山	36.7	1962-12-14
四川	平昌	214.4	1973-10-06	雅安	123.3	1979-11-03	开江	34.2	1997-12-21
贵州	镇远	178.6	1964-10-17	正安	119.0	1996-11-05	天柱	71.7	2010-12-12
云南	砚山	169.5	1983-10-24	元阳	169.3	1981-11-07	勐腊	149.4	2013-12-15
西藏	波密	131.4	1988-10-06	帕里	67.2	1995-11-10	波密	29.9	1981-12-11
陕西	宁陕	110.0	1999-10-01	宁陕	86.5	1994-11-13	白河	20.4	1979-12-20
甘肃	武山	57.7	2002-10-18	和政	37.8	1961-11-18	宁县	11.6	1975-12-07
青海	托托河	50.2	1985-10-18	湟中	25.7	1972-11-14	化隆	25.1	1961-12-11
宁夏	固原	46.6	2010-10-10	西吉	25.6	1979-11-03	泾源	8.1	1975-12-07
新疆	博乐	48.7	2011-10-21	伊宁	41.0	2004-11-02	新源	34.6	1996-12-30

注:以 * 标注的数值为当月全国最大日降水量;香港、澳门特别行政区和台湾省资料暂缺。

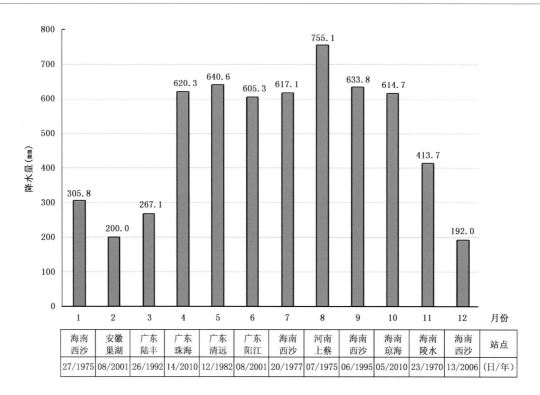

附图 9.1　1961—2014 年 1—12 月全国最大日降水量直方图

（图下方为最大日降水量出现的站点和时间：日/年）

附录 10　1981—2010 年 30 a 平均年降水量≤300.0 mm 的区域分布

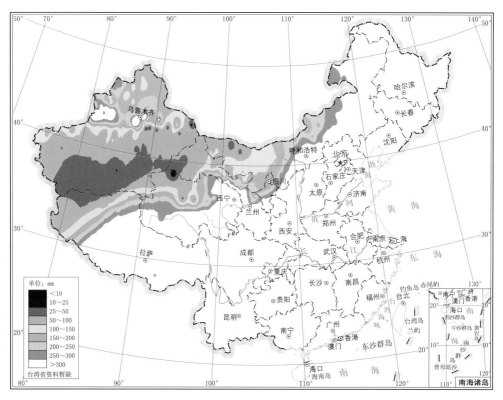

附图 10.1　1981—2010 年 30 a 平均年降水量≤300.0 mm 的区域分布图（单位：mm）